KB115148

프로에게 **사진**으로 쉽게 배우는

ilored Jacket.. Y Neck Line Jacket..
aglan Sleeve Jacket..

Stand Collar Jacket..
Peter Pan Collar Jacket..

Front Open Jacket..
Double Breasted Peplum Jacket..

Making Jacket

재킷 만들기

임병렬·이광훈·정혜민 공저

전원문화사

프로에게 사진으로 쉽게 배우는
재킷 만들기

임병렬 이광훈 정혜민 공저

2016년 8월 25일 2판 1쇄 발행

발행처 * 전원문화사
발행인 * 남병덕

등록 * 1999년 11월 16일
        제1999-053호

서울시 강서구 화곡로 43가길 30. 2층
        T.02)6735-2100 F.6735-2103

E-mail * jwonbook@naver.com

* 특허출원 10-2003-51985 *

● 머리말 ●

　오늘날 패션 산업은 인간의 생활 전체를 대상으로 커다란 변화를 가져오게 되었다. 특히 의류에 관한 직업에 종사하는 직업인이나 학습을 하고 있는 학생들에게 있어서 의복제작에 관한 전문적인 지식과 기술을 습득하는 것은 매우 중요한 일이다.

　본서는 '이제창작디자인연구소'가 졸업 후 산업현장에서 바로 적응할 수 있도록 패턴제작과 봉제에 관한 교재 개발을 목적으로 패션업계에서 50여 년간 종사해 오시면서 많은 제자들을 육성해 내신 임병렬 선생님과 함께 실제 패션 산업현장에서 이루어지고 있는 제도와 봉제 방법에 있어서 패턴에 대한 교육을 전혀 받아 본 적도 전혀 옷을 만들어 본 경험이 없는 초보자도 단계별로 색을 넣어 실제 자를 얹어 놓은 그림 및 컬러 사진을 보아 가면서 쉽게 따라할 수 있도록 구성한 10권의 책자(스커트 제도법, 팬츠 제도법, 블라우스 제도법, 원피스 제도법, 재킷 제도법과 스커트 만들기, 팬츠 만들기, 블라우스 만들기, 원피스 만들기, 재킷 만들기) 중 재킷의 봉제법 부분을 소개한 것이다.

　제도에서 봉제까지 옷이 만들어지는 과정에 있어서 기본적인 지식이나 기술을 습득하고, 자기 능력 개발에 도움이 되었으면 하는 바람에서 미흡한 면이 많은 줄 알지만 시간을 거듭하면서 수정 보완해 나가기로 하고 감히 출간에 착수하였다. 보다 알찬 내용의 책이 될 수 있도록 많은 관심과 지도 편달을 경청하고자 한다.

　끝으로 동영상 제작에 도움을 주신 영남대학교 한성수 교수님을 비롯하여 섬유의류정보센터의 권오현, 배한조 연구원님과 봉제에 도움을 주신 장남례 씨, 출판에 협조해 주신 전원문화사의 김철영 사장님을 비롯하여 이희정 실장님, 편집에 너무 고생하신 김미경 실장님, 최윤정씨에게 깊은 감사의 뜻을 표합니다.

2004년 4월　이 광 훈, 정 혜 민

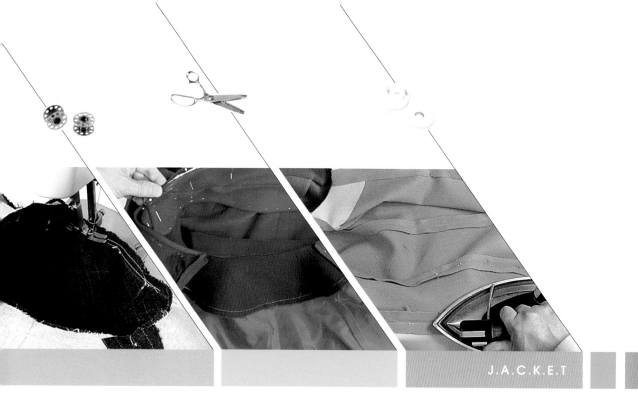

봉제를 시작하기 전에…

본서에서는 잘 보이게 하기 위하여 실의 색을 겉감 원단의 색과 다른 색을 사용하였으나 실제 봉제를 하시는 분은 겉감 원단 색과 동일 또는 유사한 색을 사용하시기 바랍니다. 또한 실제 산업현장에서는 단계별로 다림질을 해 가면서 작업하는 것은 아니나, 여기서는 초보자도 쉽게 따라할 수 있도록 하기 위하여 설명에 있어서 단계별로 설명을 하였습니다.

소재의 선택

디자인이나 하의와의 조화 착용 목적에 따라서 색, 무늬, 직물의 조직 등을 선택한다. 즉, 절개선이 많이 들어간 디자인의 경우에는 무지, 또는 심플한 소재를 선택하는 것이 좋고, 테일러드 재킷과 같은 기본적인 디자인의 경우에는 체크무늬나 스트라이프 무늬를 선택하거나 무지의 심플한 소재를 선택하는 것이 좋으며, 기본적인 디자인이라 할지라도 눈에 띄게 하고 싶을 경우에는 직물조직이나 무늬에 변화가 있는 것을 선택하는 것이 일반적이다. 여기서는 재킷에 많이 사용되고 있는 직물을 참고로 소개해 둔다.

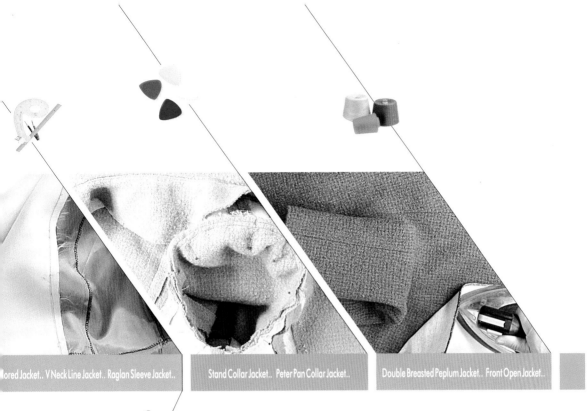

ored Jacket.. V Neck Line Jacket.. Raglan Sleeve Jacket..　　Stand Collar Jacket.. Peter Pan Collar Jacket..　　Double Breasted Peplum Jacket.. Front Open Jacket..

C.O.N.T.E.N.T.S

직물 및 직물명

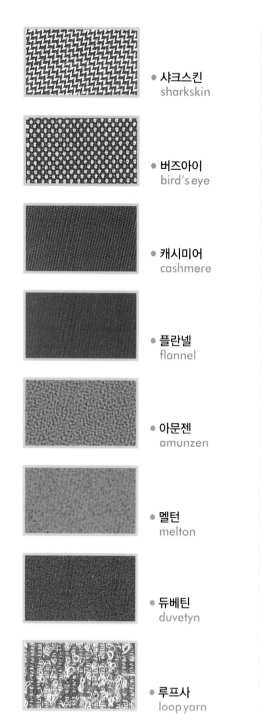

- 샤크스킨
  sharkskin

- 버즈아이
  bird's eye

- 캐시미어
  cashmere

- 플란넬
  flannel

- 아문젠
  amunzen

- 멜턴
  melton

- 듀베틴
  duvetyn

- 루프사
  loop yarn

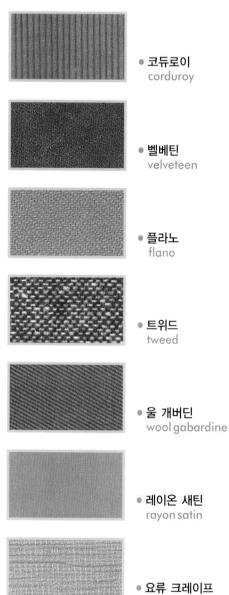

- 코듀로이
  corduroy

- 벨베틴
  velveteen

- 플라노
  flano

- 트위드
  tweed

- 울 개버딘
  wool gabardine

- 레이온 새틴
  rayon satin

- 요류 크레이프
  yoryu crepe

- 서지
  serge

Jacket

■■■ 재킷 제도의 기초선

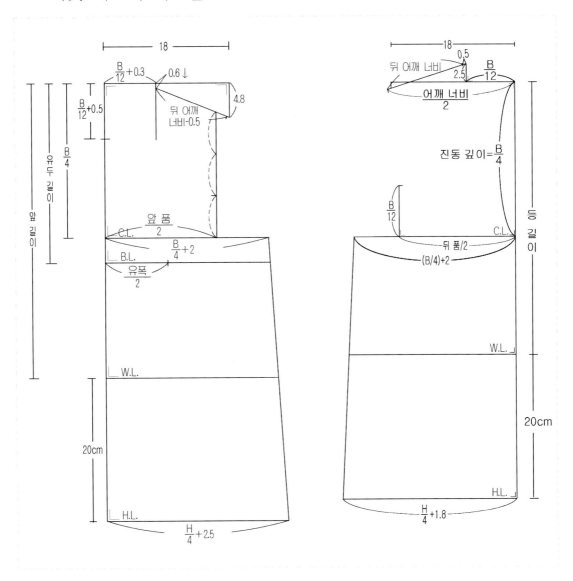

테일러드 재킷 Tailored Jacket

■■■ J.A.C.K.E.T 01

실루엣 ● ● ● 상의로서는 가장 기본적인 것으로, 안에 착용하는 블라우스나 셔츠 등 또는 하의(스커트나 팬츠)의 디자인에 따라서 캐주얼한 느낌에서 포멀한 느낌을 주는 스타일로 유행에 상관없이 착용 범위가 넓은 재킷이다.

포인트 ● ● ● 테일러드 칼라 봉제하는 법, 플랩 포켓 만드는 법, 앞 여밈 처리법, 두 장 소매 만드는 법, 전체 안감 넣는 법을 배운다.

제도법 ● ● ●

━━ 바깥쪽 소매

━━ 안쪽 소매

칼라 폭-2

뒤 목둘레 치수

뒤 목둘레 치수

어깨 패드
두께의 1/3

어깨 패드
두께의 1/3

절개

다트 접음

뒤 ★

앞 AH-0.8

앞 AH-0.6

소매 길이

소매 폭

바깥쪽 소매

안쪽 소매

뒤 안쪽 소매

어깨너비 2/3

어깨너비 1/3

어깨 너비

EL

BP

CL

BL

WL

HL

━━ 기초선　　━━ 안내선　　━━ 완성선　　━━ 완성 전 기본선　　━━ 칼라 완성선

● 겉감의 재단

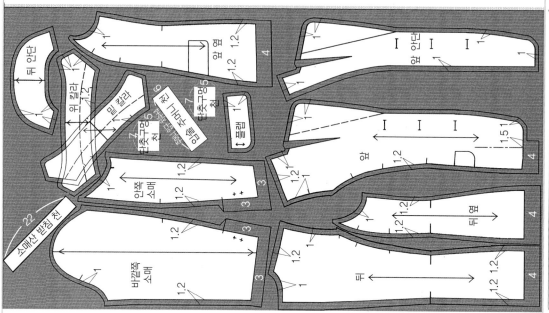

140cm

150cm 폭

● 안감의 재단

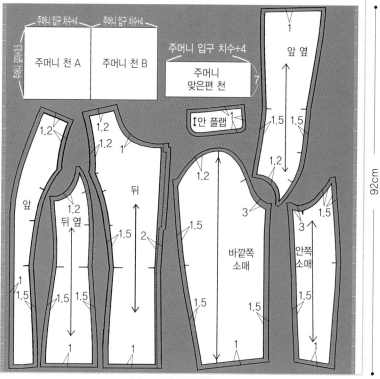

재료

- 겉감 : 150cm 폭 140cm
- 안감 : 90cm 폭 184cm
- 접착 심지(앞판, 앞 안단, 뒤, 뒤 안단, 앞 소매, 뒤 소매, 위 칼라, 밑 칼라, 주머니 입구 천) 90cm폭 70cm
- 단추 : 직경 2.5cm 3개
  직경 1.2cm 4개
- 어깨 패드 : 어깨 패드 1set

92cm

90cm 폭(2장 겹침)

1. 표시를 한다.

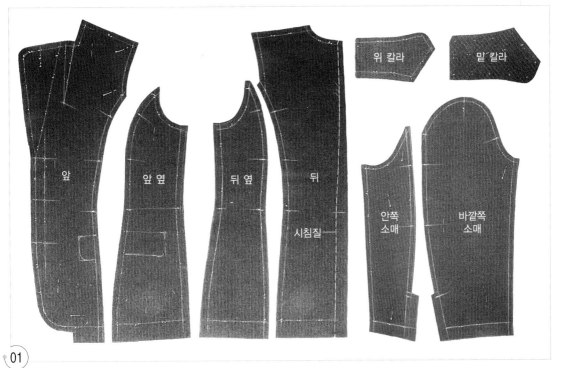

위 칼라

밑 칼라

앞

앞 옆

뒤 옆

뒤

시침질

안쪽
소매

바깥쪽
소매

(01)
뒤 중심선은 스트라이프 무늬가 틀어지지 않도록 뒤 중심선의 완성선에 시침질로 고정시키고, 앞, 앞 옆, 뒤, 뒤 옆,
안쪽 소매, 바깥쪽 소매, 위 칼라와 밑 칼라의 완성선에 실표뜨기로 표시를 한다.

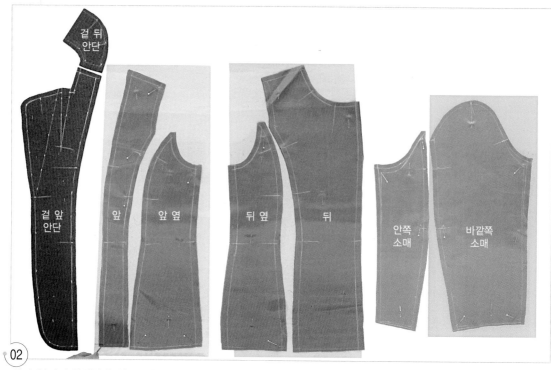

겉 뒤
안단

겉 앞
안단

앞

앞 옆

뒤 옆

뒤

안쪽
소매

바깥쪽
소매

02

앞뒤 안단의 완성선에 실표뜨기로 표시를 하고, 안감의 완성선은 편면 초크 페이퍼 위에 얹어 완성선을 룰렛이나 송곳으로 눌러 표시를 한다.

2. 접착 심지와 접착 테이프를 붙인다.

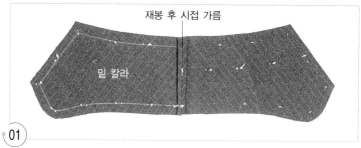

재봉 후 시접 가름

밑 칼라

01

밑 칼라의 뒤 중심선을 박고 시접을 가른다.

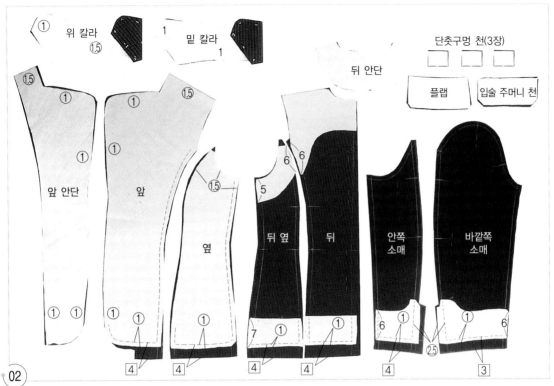

위 칼라 ①(1.5)

밑 칼라 1

뒤 안단

단춧구멍 천(3장)

플랩 **입술 주머니 천**

(1.5) ①

앞 안단 ① ①

앞 ① (1.5) (1.5)

옆 (1.5)

뒤 옆 5 6 6

뒤

안쪽 소매 6 ①

바깥쪽 소매 ① 6

① ① ① ① 7 ① ① 6 ① (2.5) ①

4 4 4 4 4 3

02

접착 심지를 붙인다(몸판과 소매에 접착 심지를 붙일 때 좌우 두 장의 치수에 차이가 생기지 않도록 겉끼리 마주 대어 두 장을 겹쳐놓고 한쪽 면을 붙인 다음 뒤집어서 남은 한쪽 면을 붙인다).

🈯 ○ 속의 숫자는 완성선에서 시접 쪽으로 나간 분량이고 ☐ 속의 숫자는 시접 분량이다.

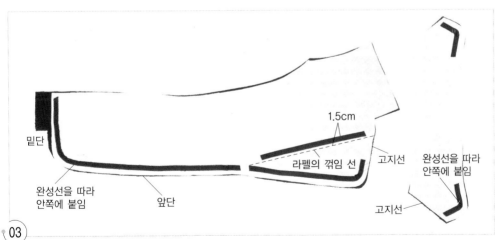

밑단

1.5cm

라펠의 꺾임 선 **고지선**

완성선을 따라 안쪽에 붙임

완성선을 따라 안쪽에 붙임 **앞단**

고지선

03

앞 몸판의 앞단, 밑단, 라펠의 꺾임 선과 밑 칼라의 칼라 모서리 부분에 늘림 방지용 접착 테이프를 붙인다.

🈯 앞단, 밑단은 테이프 끝을 완성선에 맞추어 붙이고 라펠의 꺾임 선 부분은 완성선에서 1.5cm 안쪽에
붙인다.

3. 단춧구멍을 만든다.

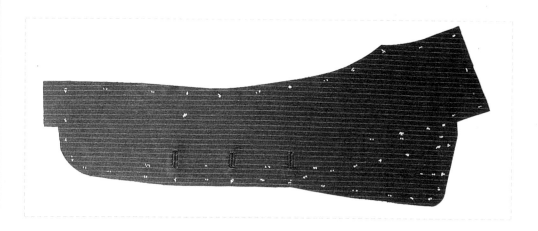

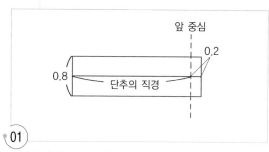

01 단춧구멍의 크기 정하는 법.

02 앞 몸판의 표면 위에 접착 심지를 붙인 단춧구멍 천을 단춧구멍 위치에 겉끼리 마주 대어 맞추어 얹고 시침질 로 고정시킨다.

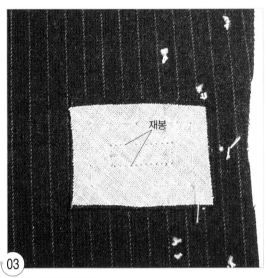

03 단춧구멍 주위를 박는다.

04 중앙에 가윗밥을 넣는다.

05 모양으로 모서리까지 가윗밥을 넣는다.

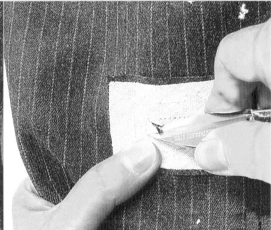

06 시침실을 빼내고 단춧구멍 천을 이면 쪽으로 빼어낸다.

07 단춧구멍 위아래의 시접을 가른다.

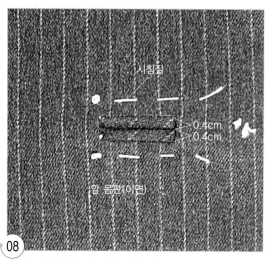

08 단춧구멍의 테두리 폭을 정해서 위아래 완성 폭까지 시침질로 고정시켜 둔다.

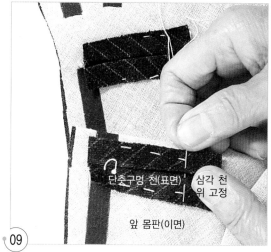

09 구멍이 벌어지지 않도록 삼각 천 위를 시침질로 고정시켜 둔다.

삼각 천

되박음질

10 몸판을 젖히고 삼각 천을 되박음질로 고정시킨다.

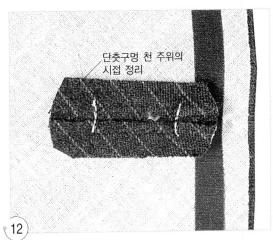

단춧구멍 천 주위의
시접 정리

11 단춧구멍 주위의 박은 선 홈에 상침재봉을 한다.

12 시접을 정리한다.

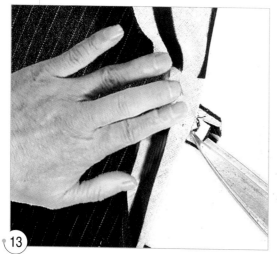

13 삼각 천 밑에 겹쳐져 있는 부분을 잘라낸다.

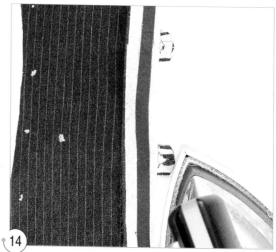

14 시접을 다리미로 힘껏 눌러 납작하게 한다.

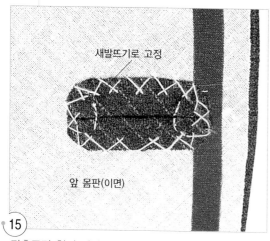

새발뜨기로 고정

앞 몸판(이면)

15 단춧구멍 천의 시접 주위를 새발뜨기로 고정시킨다.

16 단춧구멍 완성.

4. 앞 넥 다트와 절개선을 박는다.

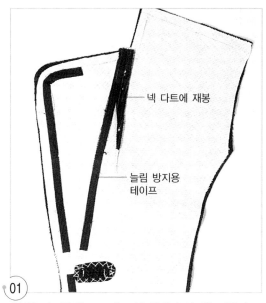

넥 다트에 재봉

늘림 방지용
테이프

앞 넥 다트를 박고 프레스 볼 위에서 시접을 가른다.

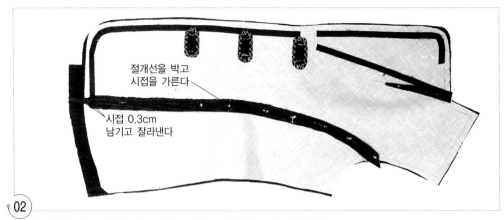

절개선을 박고
시접을 가른다

시접 0.3cm
남기고 잘라낸다

02

앞 절개선을 박고 시접을 가른 다음, 밑단 쪽 시접을 좁게 잘라낸다.

5. 뒤 중심과 절개선을 박는다.

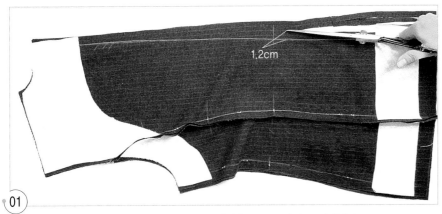

01 뒤 중심선과 절개선을 박은 다음 뒤 중심의 시접을 1.2cm 남기고 잘라낸다.

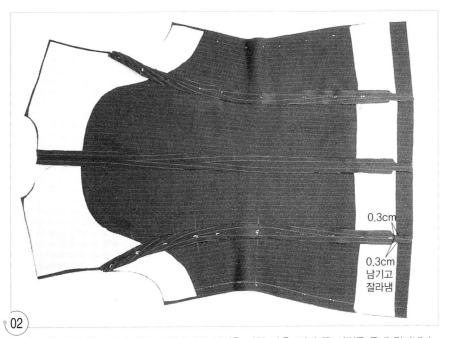

0.3cm

0.3cm
남기고
잘라냄

02 프레스 볼 위에 얹어 뒤 중심선과 절개선의 시접을 가른 다음, 밑단 쪽 시접을 좁게 잘라낸다.

6. 플랩 주머니를 만들어 단다.

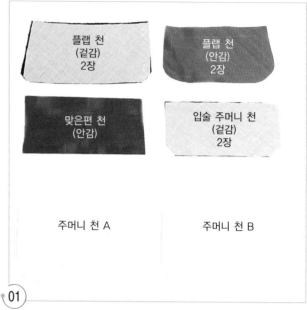

플랩 천
(겉감)
2장

플랩 천
(안감)
2장

맞은편 천
(안감)

입술 주머니 천
(겉감)
2장

주머니 천 A   주머니 천 B

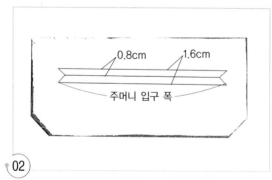

01

접착 심지를 붙인 플랩과 입술 주머니 천, 안김으로 재단한 플랩 천과 맞은편 천, 주머니 천 A와 B를 각각 2장씩 준비한다.
🈯 주머니 천 A와 B는 얇은 옥양목, 또는 T/C 주머니감 천으로 재단하는 것이 좋다.

0.8cm   1.6cm

주머니 입구 폭

02

입술 주머니 천에 주머니 입구 표시를 한다.

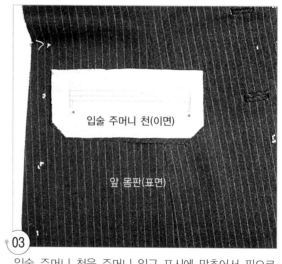

입술 주머니 천(이면)

앞 몸판(표면)

03

입술 주머니 천을 주머니 입구 표시에 맞추어서 핀으로 고정시킨다.

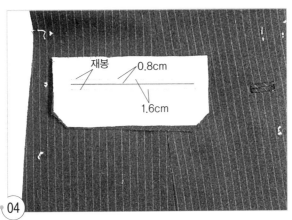

재봉 0.8cm
1.6cm

04 주머니 입구 치수까지 몸판과 겹쳐 박는다.

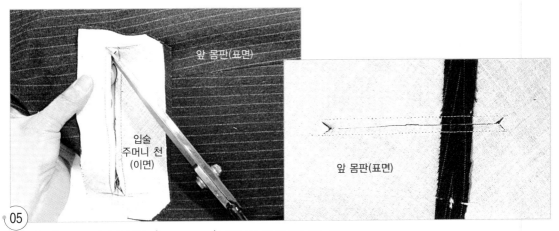

앞 몸판(표면)

입술
주머니 천
(이면)

앞 몸판(표면)

05 중앙을 자르고 모서리 부분을 >———< 모양으로 가윗밥을 넣는다.

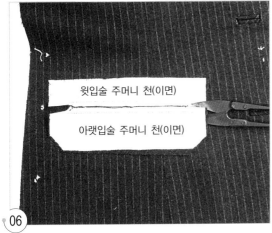

윗입술 주머니 천(이면)

아랫입술 주머니 천(이면)

06 입술 주머니 천 중앙의 양옆 시접에 가윗밥을 넣는다.

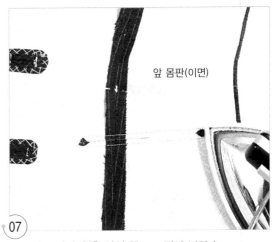

앞 몸판(이면)

07 다리미로 삼각 천을 양옆 쪽으로 접어 넘긴다.

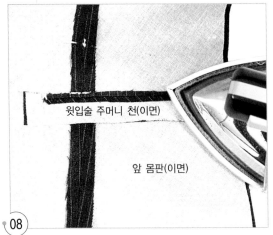

08 윗입술 주머니 천을 이면 쪽으로 끄집어 내어 시접을 가른다.

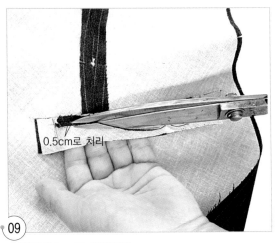

09 시접을 0.5cm로 정리한다.

10 겉쪽에서 윗입술 주머니 천 시접까지 통하게 어슷시침으로 고정시킨다.

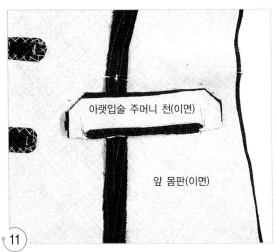

11 아랫입술 주머니 천도 이면 쪽으로 끄집어 내어 시접을 가르고 0.5cm로 정리한다.

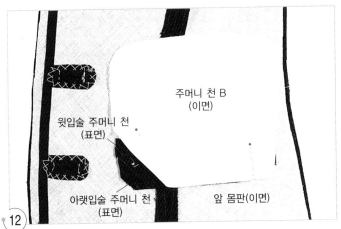

주머니 천 B
(이면)

윗입술 주머니 천
(표면)

아랫입술 주머니 천
(표면)

앞 몸판(이면)

12 아랫입술 주머니 천을 단 쪽으로 내리고 그 표면 위에 주머니 천 B의
표면을 마주 대어 핀으로 고정시킨다.

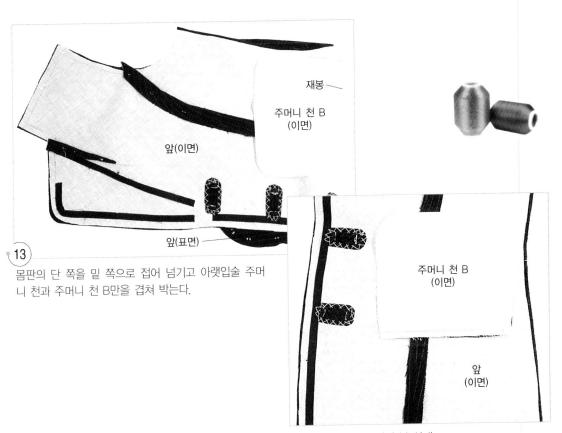

재봉

주머니 천 B
(이면)

앞(이면)

앞(표면)

주머니 천 B
(이면)

앞
(이면)

13 몸판의 단 쪽을 밑 쪽으로 접어 넘기고 아랫입술 주머
니 천과 주머니 천 B만을 겹쳐 박는다.

재봉 후의 이면 쪽에서 본 상태.

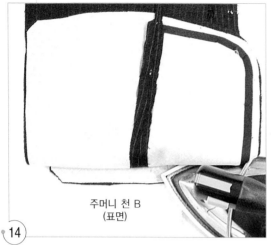

주머니 천 B
(표면)

14 앞 몸판의 밑단 쪽을 위로 젖히고 아랫입술 주머니 천의 시접을 주머니 천 B쪽으로 넘겨 다림질한다.

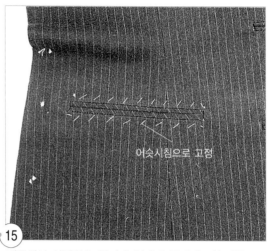

어슷시침으로 고정

15 겉쪽에서 아랫입술 주머니 천까지 통하게 어슷시침으로 고정시킨다.

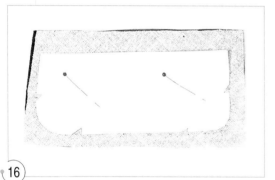

16 접착 심지를 붙인 겉 플랩 천의 이면에 플랩의 패턴을 얹고 표시를 한다.

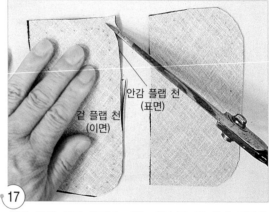

안감 플랩 천
(표면)

겉 플랩 천
(이면)

17 안감 플랩 천과 겉끼리 마주 대어 두 장 함께 시접을 1cm 남기고 잘라낸다.

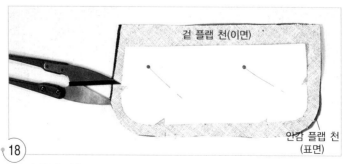

겉 플랩 천(이면)

안감 플랩 천
(표면)

18 두 장 함께 맞춤표시 4곳 시접에만 0.3cm씩 가윗밥을 넣는다.

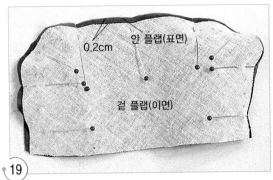

19

맞춤표시의 가윗밥을 넣은 위치가 틀어지지 않도록 하여 겉 플랩을 0.2cm 안쪽으로 차이지게 밀어 핀으로 고정시킨다.

안 플랩(표면)
0.2cm
겉 플랩(이면)

20

겉 플랩의 완성선에 시침질로 고정시킨다.

겉 플랩의 완성선에 시침질

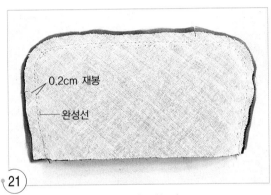

21

완성선에서 0.2cm 시접 쪽을 박는다.

0.2cm 재봉
완성선

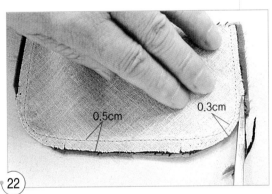

22

시접을 직선 부분은 0.5cm, 곡선 부분은 0.3cm 남기고 잘라낸다.

0.5cm
0.3cm

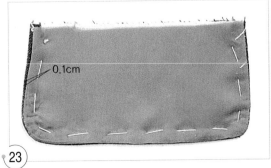

23

겉으로 뒤집어서 안감 플랩 천을 0.1cm 차이지게 시침질로 고정시킨다.

0.1cm

24

다리미로 정리한다.

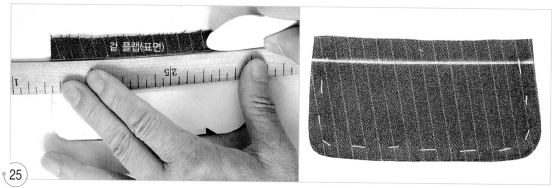

25 겉쪽에서 패턴을 얹고 플랩 다는 위치의 곡선 모양대로 초크 표시를 한다.

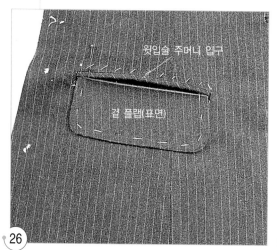

26 윗입술 밑으로 플랩을 끼워 넣는다.

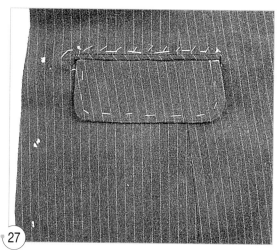

27 시침질로 플랩 시접까지 통하게 시침질로 고정시킨다.

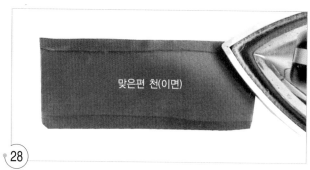

28 안감으로 재단한 맞은편 천의 아래쪽 시접을 1cm 접는다.

맞은편 천
(표면)

0.1cm
상침재봉

주머니 천 A
(표면)

(29) 주머니 천 A의 표면 위에 맞은편 천의 이면을 마주 대어 얹고 시접을 접은 끝에서 0.1cm에 주머니 천 A까지 통하게 겹쳐 박는다.

주머니 천 A
(이면)

주머니 천 A
(표면)

주머니 천 B
(표면)

(30) 주머니 천 A와 겉끼리 마주 대어 맞추고 핀으로 고정시킨다.

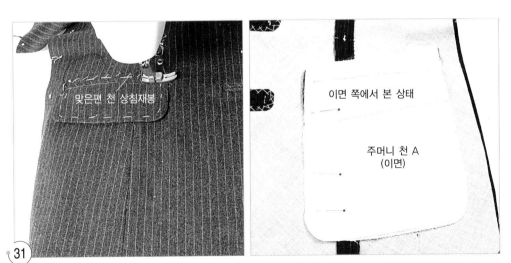

맞은편 천 상침재봉

이면 쪽에서 본 상태

주머니 천 A
(이면)

(31) 겉쪽에서 윗입술을 박은 선 홈에 주머니 천 A까지 통하게 스티치하여 고정시킨다.

주머니 천 B
(이면)

주머니 주위에 재봉

32 몸판을 젖히고 주머니 천 A와 B 두 장을 함께 겹쳐서 주머니 주위를 박는다.

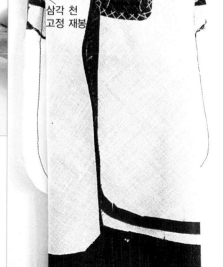

삼각 천
고정 재봉

삼각 천
고정 재봉

33 좌우 삼각 천을 되박음질로 고정시킨다.

34 플랩 포켓의 완성.

7. 어깨선을 박는다.

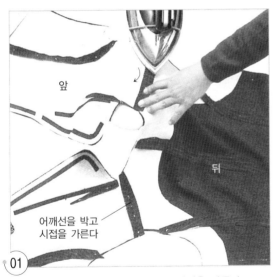

앞

뒤

어깨선을 박고
시접을 가른다

01

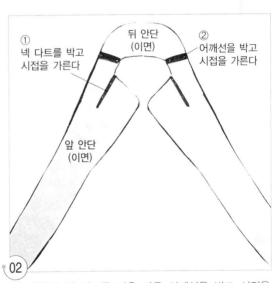

① 넥 다트를 박고
시접을 가른다

뒤 안단
(이면)

② 어깨선을 박고
시접을 가른다

앞 안단
(이면)

02

앞 몸판과 뒷몸판의 어깨선을 박고 시접을 가른다.
🈲 시접을 가를 때 앞 몸판 쪽으로 돌려 다림질힌다.

앞 안단의 넥 다트를 박은 다음 어깨선을 박고 시접을
기른다.

8. 몸판에 밑 칼라를 단다.

꺾임 선에 상침재봉

01 밑 칼라의 꺾임 선에 상침재봉을 한다.

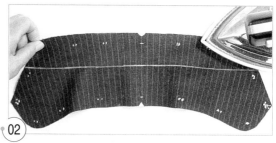

02 밑 칼라의 꺾임 선이 수평이 되도록 칼라 다는 쪽의 시접을 늘린다(늘려야 목 둘레가 맞도록 칼라 패턴 제도되었음).

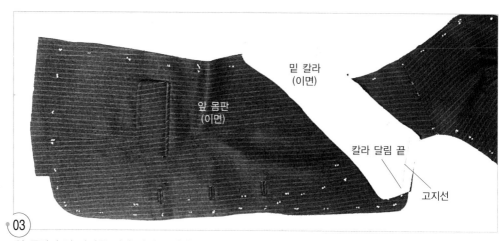

앞 몸판
(이면)

밑 칼라
(이면)

칼라 달림 끝

고지선

03 앞 몸판과 밑 칼라를 칼라 달림 끝에서 고지선 끝까지 겉끼리 마주 대어 박는다.
✜ 초보자의 경우에는 시침질로 고정시키고 박도록 한다.

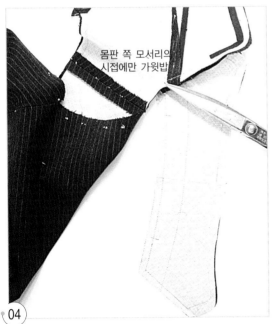

04

몸판 쪽 모서리의 시접에만 가윗밥을 넣는다.

05

남은 부분을 맞추어 핀으로 고정시키고 시침질한다.

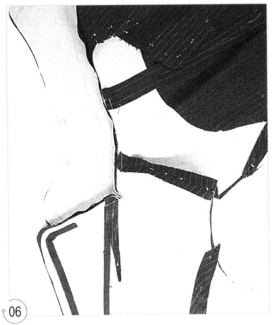

06

완성선을 박아 고정시킨다.

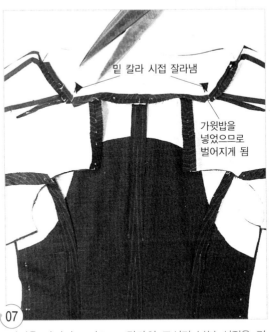

07

시접을 다리미로 가르고, 칼라의 모서리 부분 시접은 겹쳐져 투박해지므로 잘라낸다.

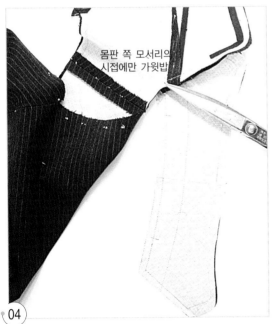에 몸판 쪽 모서리의 시접에만 가윗밥

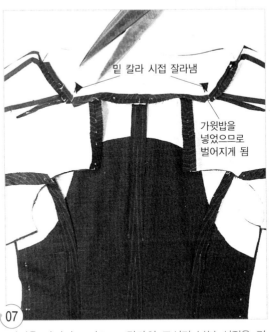에 밑 칼라 시접 잘라냄, 가윗밥을 넣었으므로 벌어지게 됨

9. 안단에 위 칼라를 단다.

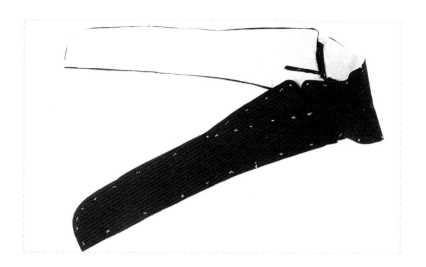

위 칼라
(이면)

앞 안단
(표면)

01

칼라 달림 끝에서 고지선 끝까지 겉끼
리 마주 대어 박는다.
🈲 초보자의 경우에는 시침질로 고정
　 시키고 박도록 한다.

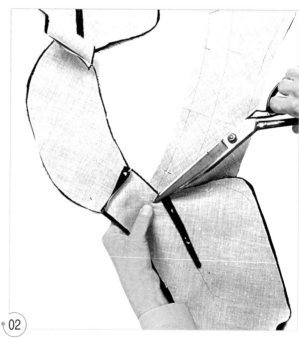

02

안단 쪽 모서리의 시접에만 가윗밥을 넣는다.

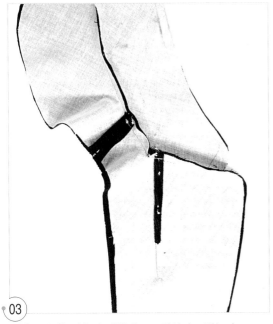

위 칼라의 겹쳐진
시접만 잘라냄

가윗밥을
넣었으므로
벌어지게 됨

03 남은 부분을 맞추어 시침질로 고정시키고 박는다.

04 시접을 다리미로 가르고, 칼라의 모서리 부분 시접은 겹쳐져 투박해지므로 잘라낸다.

10. 몸판과 안단을 맞추어 칼라 주위와 앞단을 박는다.

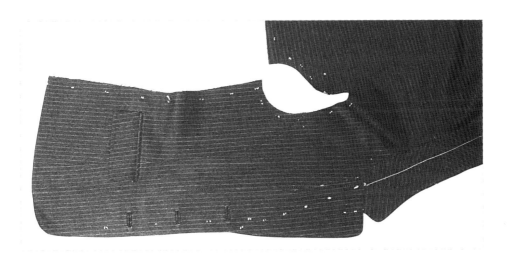

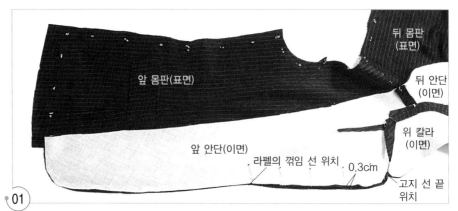

뒤 몸판
(표면)

앞 몸판(표면)

뒤 안단
(이면)

위 칼라
(이면)

앞 안단(이면)

라펠의 꺾임 선 위치

0.3cm

고지 선 끝
위치

01 몸판과 안단을 겉끼리 마주 대어 표시끼리 맞춘 다음, 라펠의 꺾임 선 위치에서 고지선 끝 위치까지 안단을 0.3cm 안쪽으로 차이지게 밀어 핀으로 고정시킨다.

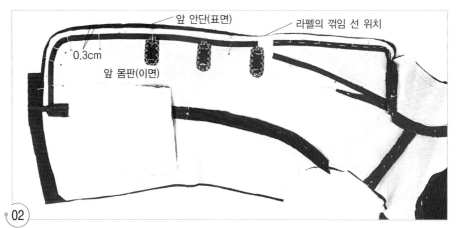

앞 안단(표면)

라펠의 꺾임 선 위치

0.3cm

앞 몸판(이면)

02 라펠의 꺾임 선 위치에서 아래쪽의 앞단은 몸판 쪽을 0.3cm 안쪽으로 차이지게 밀어 핀으로 고정시킨다.

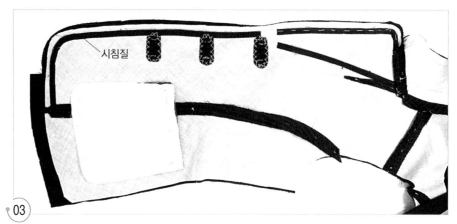

시침질

03 라펠의 꺾임 선 위치에서 위쪽은 안단의 완성선에, 아래쪽은 몸판의 완성선에 시침질로 고정시킨다.

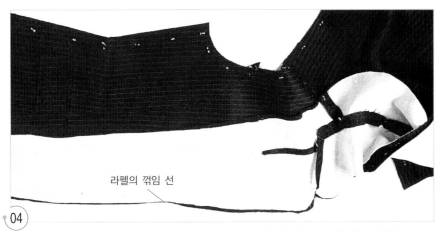

라펠의 꺾임 선

04

단쪽부터 라펠의 꺾임 선 위치까지는 0.2cm 시접 쪽을, 라펠의 부분은 완성선에서 0.1cm 안쪽에 재봉을 한다.

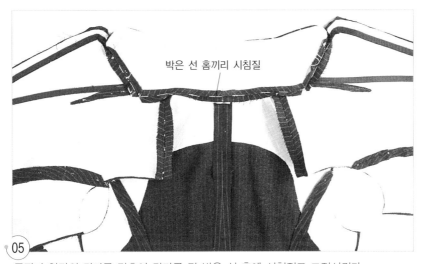

박은 선 홈끼리 시침질

05

몸판과 안단의 칼라를 맞추어 칼라를 단 박은 선 홈에 시침질로 고정시킨다.

06
칼라의 꺾임 선에서 접으면, 위 칼라와 밑 칼라
의 칼라 주위가 천의 두께 분 만큼 차이지게 된
다. 그 자연스럽게 차이지는 상태에서 우선 뒤
중심 위치가 틀어지지 않도록 핀으로 고정시키
고 칼라 주위를 핀으로 고정시킨 다음, 시침질
로 고정시킨다.

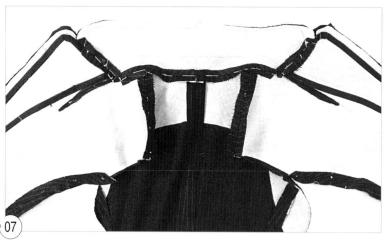

07
밑 칼라의 완성선을 박는다.

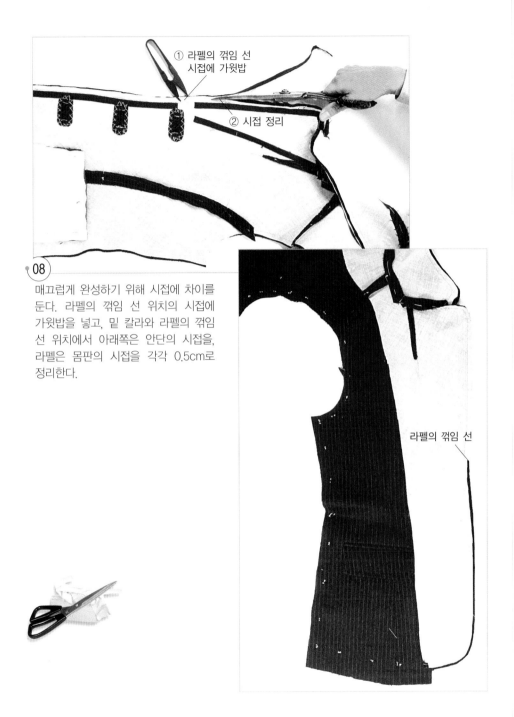

① 라펠의 꺾임 선
시접에 가윗밥

② 시접 정리

라펠의 꺾임 선

08

매끄럽게 완성하기 위해 시접에 차이를
둔다. 라펠의 꺾임 선 위치의 시접에
가윗밥을 넣고, 밑 칼라와 라펠의 꺾임
선 위치에서 아래쪽은 안단의 시접을,
라펠은 몸판의 시접을 각각 0.5cm로
정리한다.

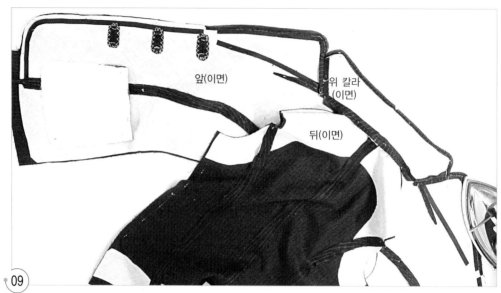

09 위 칼라와 라펠 부분은 위 칼라와 라펠 부분이 위쪽으로 오게 하여 시접을 가른다.

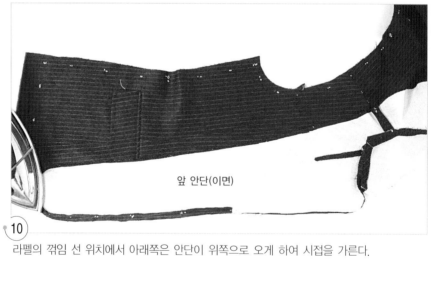

10 라펠의 꺾임 선 위치에서 아래쪽은 안단이 위쪽으로 오게 하여 시접을 가른다.

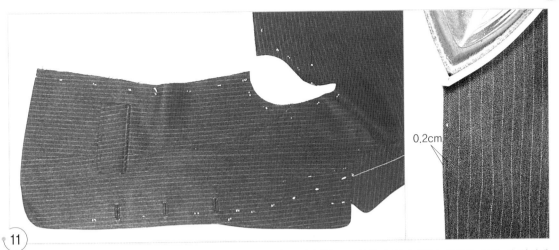

11

겉으로 뒤집어서 보면 칼라는 밑 칼라가, 라펠 부분은 몸판 쪽이 안쪽으로 들어가 있게 되고, 라펠의 꺾임 선 위치에서 아래쪽은 안단 쪽이 안쪽으로 들어가 있게 된다. 천의 두께 분 만큼 자연스럽게 차이가 생긴 분량을 다리미로 자리잡아 둔다.

11. 라펠의 꺾임 선과 칼라를 단 선을 고정시킨다.

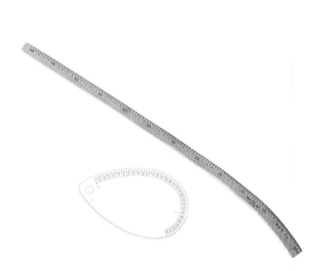

박은 선 홈끼리 맞추어 시침질

01 칼라를 박은 선의 홈에 시침질로 고정시킨다.

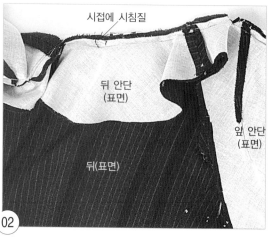

시접에 시침질

뒤 안단
(표면)

앞 안단
(표면)

뒤(표면)

02 이면 쪽으로 뒤집어서 안단과 몸판의 시접을 시침질로
고정시킨다.

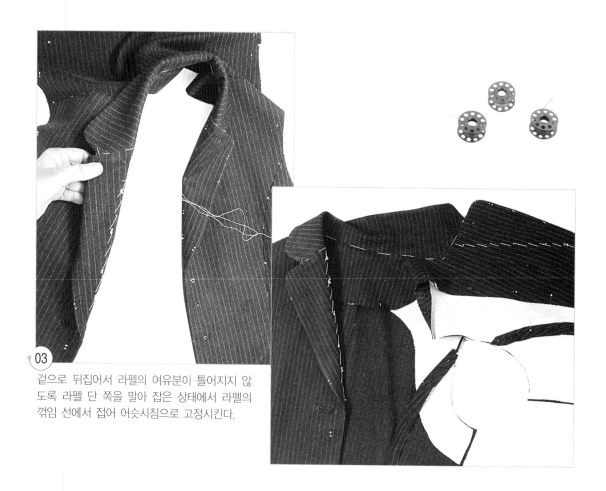

03 겉으로 뒤집어서 라펠의 여유분이 틀어지지 않
도록 라펠 단 쪽을 말아 잡은 상태에서 라펠의
꺾임 선에서 접어 어슷시침으로 고정시킨다.

12. 옆선을 박고, 단 처리를 한다.

시접을 좁게
잘라냄

01 옆선을 박고 시접을 가른 다음 밑단 쪽의 시접을 좁게 잘라낸다.

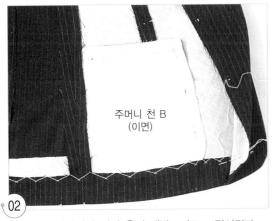

주머니 천 B
(이면)

02 밑단을 완성선에서 접어 올려 새발뜨기로 고정시킨다.
🈲 주머니 천과 겹쳐지는 부분은 주머니 천 B에만 새발
뜨기로 고정시키고 주머니 천 A까지 고정되지 않도
록 주의한다.

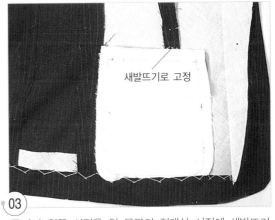

새발뜨기로 고정

03 주머니 위쪽 시접을 앞 몸판의 절개선 시접에 새발뜨기
로 고정시킨다.

13. 겉 소매를 만들어 단다.

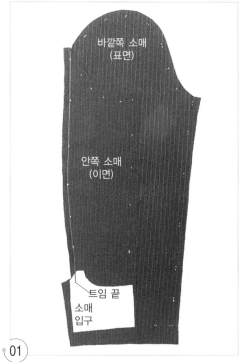

바깥쪽 소매
(표면)

안쪽 소매
(이면)

트임 끝

소매
입구

01 바깥쪽 소매의 표면 위에 안쪽 소매의 표면을 마주 대어 팔꿈치 표시 소매 폭 선 표시, 뒤 소매 트임 끝 표시를 맞추고, 소매 입구 트임 끝까지 완성선을 박는다.

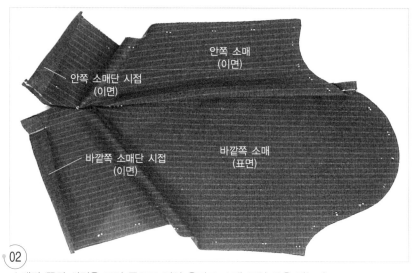

안쪽 소매
(이면)

안쪽 소매단 시접
(이면)

바깥쪽 소매단 시접
(이면)

바깥쪽 소매
(표면)

02 소매단 쪽의 시접을 표면 쪽으로 접어 올리고 소매 트임 쪽을 박는다.

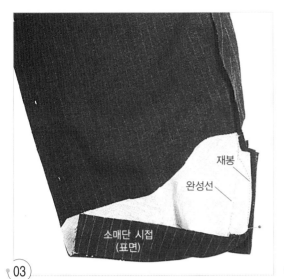

재봉
완성선
소매단 시접
(표면)

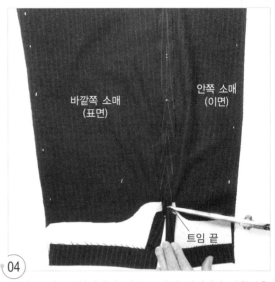

바깥쪽 소매
(표면)
안쪽 소매
(이면)
트임 끝

03 소매단을 겉으로 뒤집어서 소매단 시접을 접어 올리고 소매 트임 위치에서 시접 쪽으로 1cm 비스듬히 박은 다음, 접어 올린 소매단 시접 위치까지 완성선에서 1cm 시접 쪽을 박는다.

04 소매 트임 끝 위치에서 안쪽 소매의 시접에만 가윗밥을 넣는다.

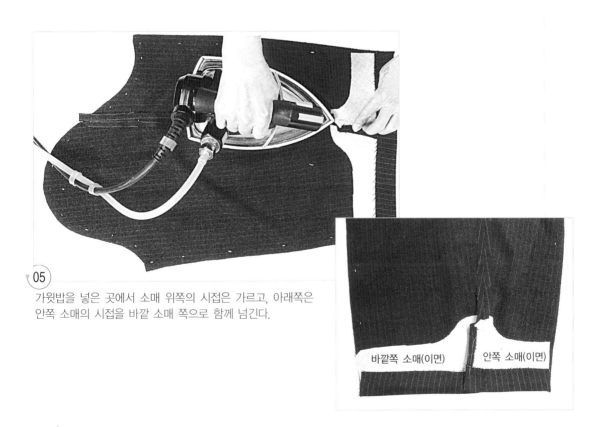

바깥쪽 소매(이면)
안쪽 소매(이면)

05 가윗밥을 넣은 곳에서 소매 위쪽의 시접은 가르고, 아래쪽은 안쪽 소매의 시접을 바깥 소매 쪽으로 함께 넘긴다.

06 소매 겉쪽에서 본 상태의 소매 입구 트임 완성.

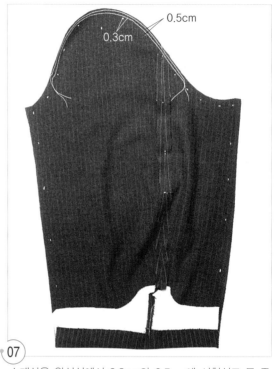

0.5cm

0.3cm

07 소매산을 완성선에서 0.3cm와 0.5cm에 시침실로 두 줄 촘촘한 홈질을 하거나 시침재봉을 한다.

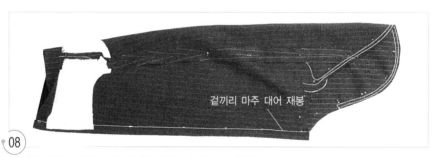

겉끼리 마주 대어 재봉

08 소매단 쪽의 시접을 내린 상태로 앞뒤 소매 밑 선을 박는다.

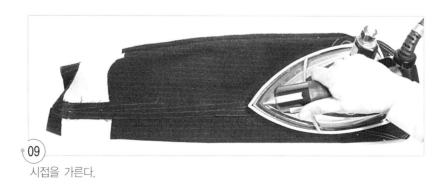

09 시접을 가른다.

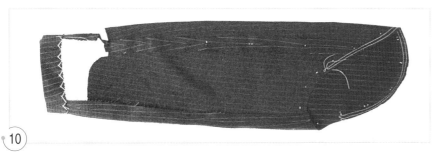

10 소매단을 완성선에서 접어 올려 심지에 새발뜨기로 고정시킨다.

11 홈질한 시침실 두 올을 함께 당겨 소매산을 몸판의 소매 둘레 치수에 맞게 오그린다.

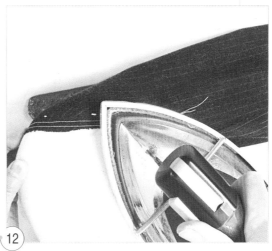

12 오그린 소매산을 프레스 볼에 끼워 다리미로 자리잡아 둔다.

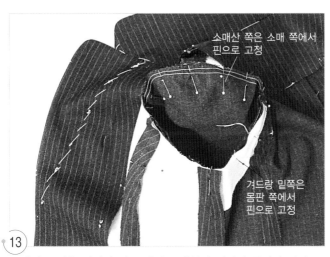

소매산 쪽은 소매 쪽에서 핀으로 고정

겨드랑 밑쪽은 몸판 쪽에서 핀으로 고정

13 소매와 몸판을 겉끼리 마주 대어 소매산의 너치와 몸판의 너치 표시, 소매 밑과 소매산의 표시끼리 우선 맞추어 핀으로 고정시키고 그 중간에도 핀으로 고정시킨 다음, 완성선에서 0.1cm 시접 쪽에 시침질로 고정시킨다.

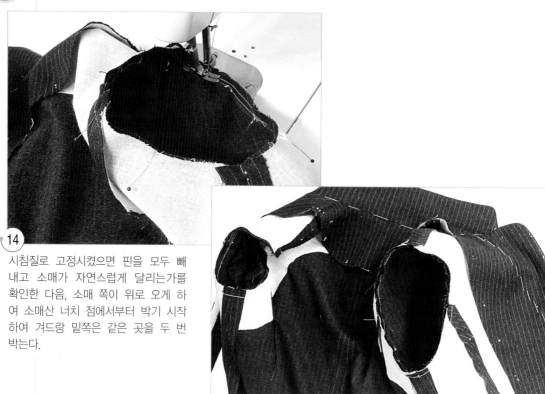

14 시침질로 고정시켰으면 핀을 모두 빼
내고 소매가 자연스럽게 달리는가를
확인한 다음, 소매 쪽이 위로 오게 하
여 소매산 너치 점에서부터 박기 시작
하여 겨드랑 밑쪽은 같은 곳을 두 번
박는다.

15 소매산의 오그림 분이 겉쪽에 나타나지 않고, 매끄러운
소매산으로 만들기 위해 소매산 받침 천을 댄다. 소매산
받침 천은 겉감이 중간 두께의 경우는 겉감으로 사용하
고, 얇은 천의 경우에는 안감으로 사용한다. 3~3.5cm
폭의 정바이어스 방향으로 길이 22~25cm를 준비한다.

16 다리미로 곡선 모양으로 늘려 두면 소매산에 자연스럽게
맞출 수 있다.

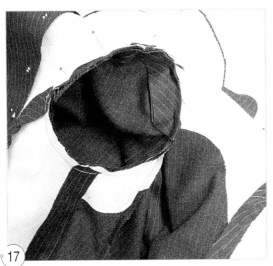

17 소매산 받침 천을 소매를 단 시접에 맞추어 핀으로 고정시킨다.

18 소매를 단 박음선에서 0.1cm 정도 시접 쪽을 박아 고정시킨다. 이때 소매산 너치 표시에서 2cm 전까지만 박고 2cm 정도는 박지 않은 상태로 놓아둔다. 만약 재단한 소매산 받침 천이 2cm 이상 남으면 잘라낸다.

14. 안감을 만든다.

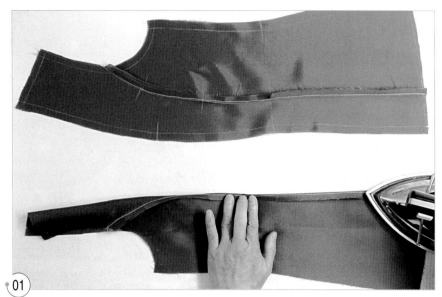

01

앞 안감의 절개선을 완성선에서 0.2cm 시접 쪽을 박고, 시접을 두 장 함께 완성선에서 접어 옆선 쪽으로 접어 넘긴다.

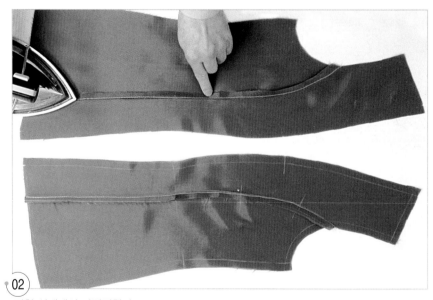

02

펼친 상태에서 다림질한다.

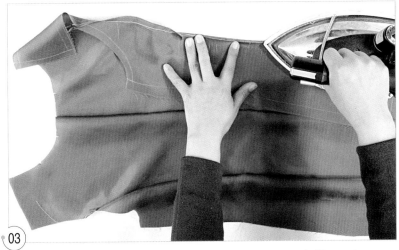

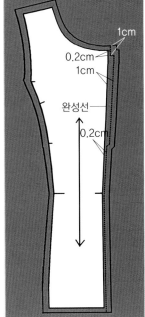

03 뒤 중심선과 뒤 절개선을 완성선에서 0.2cm 시접 쪽을 박고, 시접을 두 장 함께 완성선에서 옆선 쪽으로 접어 넘긴다.

🧵 뒤 중심선을 박을 때 오른쪽 그림과 같이 허리선에서 10cm 정도 올라간 곳에서 뒤 목점 위치의 1cm 전까지는 완성선에서 1cm 시접 쪽을 박고, 남은 부분은 완성선에서 0.2cm 시접 쪽을 박는다.

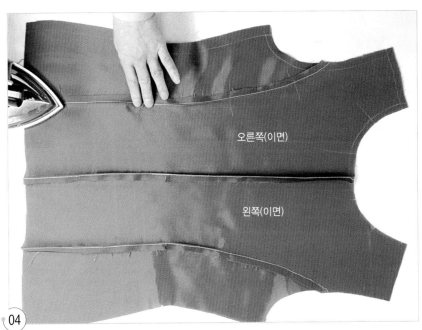

오른쪽(이면)

왼쪽(이면)

04 뒤 중심 쪽 시접은 왼쪽으로, 절개선 시접은 옆선 쪽으로 넘겨 다림질한다.

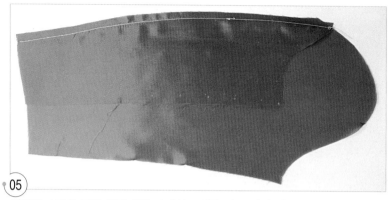

05

바깥쪽 소매의 표면 위에 안쪽 소매의 표면을 마주 대어 팔꿈치 표시 소매 폭 선 표시, 소매단 표시끼리를 맞추고 완성선에서 0.2cm 시접 쪽을 박는다.

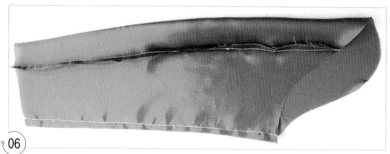

06

앞 소매 밑 선의 완성선을 박는다.

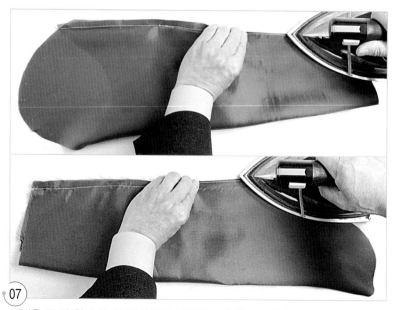

07

시접을 두 장 함께 완성선에서 접어 바깥쪽 소매 쪽으로 넘긴다.

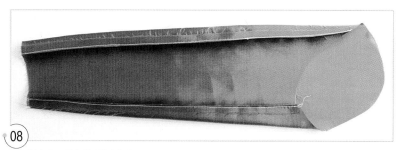

08 소매산에 시침재봉을 한다.

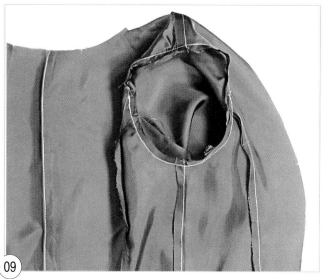

09 겉감과 같은 방법으로 시침재봉한 실을 당겨 오그리고 안감의 몸판
에 표시끼리 맞추어 완성선을 박는다.

15. 안단에 안감을 단다.

01 안단과 안감을 겉끼리 마주 대어 표시끼리 맞추고 완성선을 박는다. 이때 겉감의 좌우 밑단 선에서 2cm 전까지만 박는다.

2cm 선까지 재봉

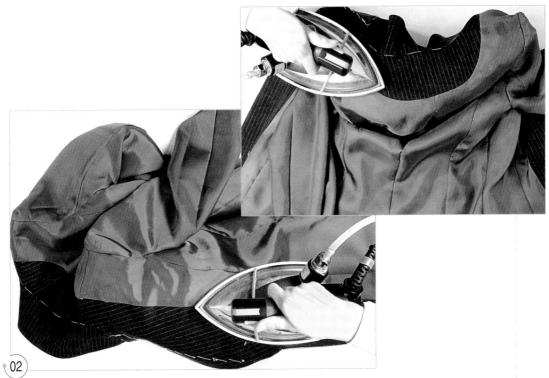

02
겉으로 뒤집어서 시접을 모두 안감 쪽으로 넘기고 프레스 볼 위에서 다림질한다.

16. 어깨 패드를 달고 안단의 시접을 고정시킨다.

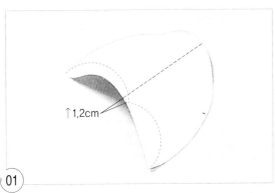

↑1.2cm

01
어깨 패드를 반으로 접어 2등분한 위치에서 1.2cm 앞쪽으로 이동한 위치를 어깨 끝점(SP)으로 하여 어깨선을 그려 놓는다.

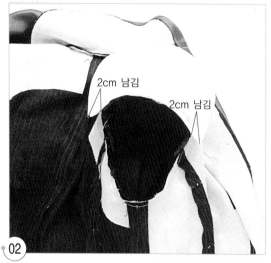

02 어깨 끝점 위치끼리 맞추어 어깨 패드를 핀으로 고정시키고 앞뒤 패드 끝에서 2cm 남긴 상태에서 몸판의 어깨선 시접에 손바느질의 온박음질로 고정시킨다.

2cm 남김

2cm 남김

03 겉으로 뒤집어서 패드 주위와 소매를 쓸어내려 패드를 편편히 자리잡은 다음 옆 목점 쪽 패드 위치를 핀으로 고정시킨다.

핀으로 고정

04 옆 목점 쪽 패드 끝쪽을 어깨선 시접에 1cm의 실 루프로 고정시킨다.

실 루프로 고정

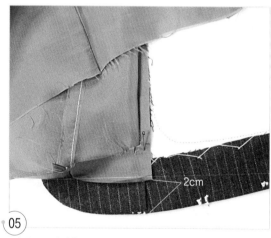

05 밑단 쪽 안감을 겉감의 밑단에서 2cm 올라간 곳에 맞추어 접어 올린다.

2cm

06 겉으로 뒤집어서 겉감까지 통하게 앞 안단의 어깨선까지 시침질로 고정시킨다.

07 이면 쪽으로 뒤집어서 안단과 안감의 시접을 겉감의 주머니 시접과 겉감의 접착 심지, 어깨 패드에 새발뜨기로 고정시킨다.

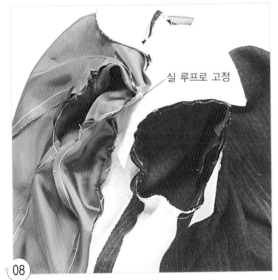

08 안감의 어깨선 끝점을 1cm의 실 루프로 어깨 패드에 고정시킨다.

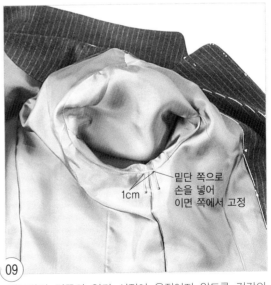

09 겨드랑이 밑쪽의 안감 시접이 움직이지 않도록 겉감의 시접에 손바느질의 온박음질로 1cm 정도 이면 쪽에서 고정시킨다.

17. 안감의 밑단을 감침질로 고정시킨다.

누름

쓸어내림

01

안감이 당겨지지 않도록 뒤 중심 쪽에서 쓸어내린 다음, 안감의 밑단 선을 접어 넣고 안감의 밑단 선 끝에서 1cm 올라간 곳에 오른쪽에서부터 시침질로 고정시킨다.

02

1cm 올라간 시침선 쪽으로 안감의 밑단 선을 0.5cm 들어 올리고 겉감 시접에 감침질로 고정시킨다.

18. 소매 입구를 감침질로 고정시킨다.

01

겉 소매 쪽으로 안 소매를 빼내어 손을 넣고 당겨지는 부분이 없는지 확인한 다음 소매단 쪽을 핀 또는 시침 또는 시침질로 고정시킨다.

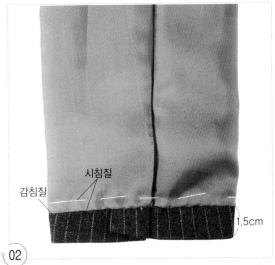

시침질

감침질

1.5cm

02

소매를 이면 쪽으로 뒤집어서 겉감의 소매단 선에서 1.5cm 올라가도록 안 소매단을 접어 넣으면 안 소매단 선에서 1cm 올라간 곳에 시침질로 고정시킨 다음, 안감 소매단을 겉감 소매단의 시접에 감침질로 고정시킨다.

19. 안단에 단춧구멍을 만든다.

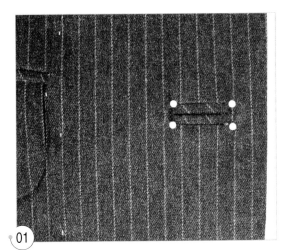

01

겉감 쪽에 만들어 둔 단춧구멍의 네 모서리에 안단까지 통하게 핀을 꽂는다.

02

핀을 꽂은 상태로 안단을 고정시켜, 겉감의 단춧구멍 쪽에서 중앙에 가윗밥을 넣는다.

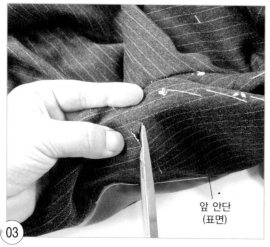

앞 안단
(표면)

03 안단 쪽에서 모서리 쪽의 핀을 향해 ⟩————⟨ 모양으로
가윗밥을 넣는다.

04 핀을 꽂은 상태로 시접을 접어 넣고 감침질로 고정시킨다.

05 안단 쪽 단춧구멍 완성.

20. 마무리 다림질을 한다.

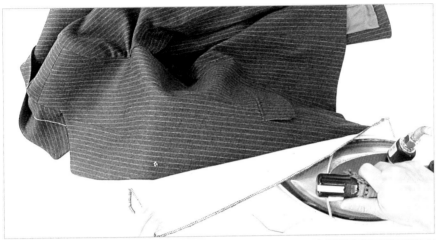

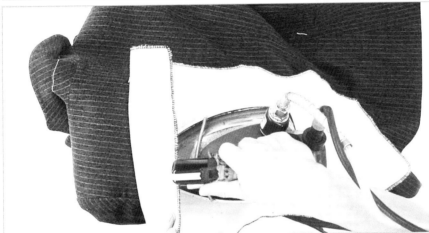

(01) 어깨선 아래쪽은 편편한 다리미 판 위에 얹어 다림질 천을 얹고 스팀 다림질한다.

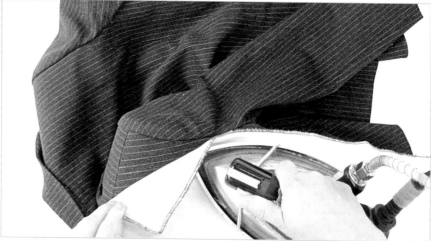

02 어깨선 쪽은 프레스 볼 위에 얹어 다림질 천을 얹고 스팀 다림질한다.

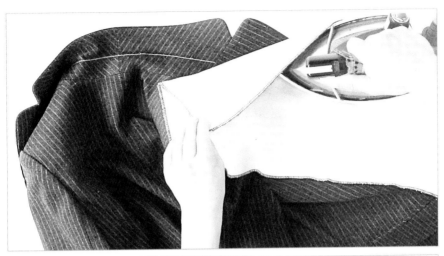

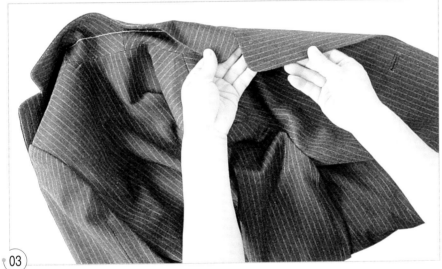

03

라펠의 이면 쪽에서 스팀 다림질하고 열이 식기 전에 라펠 끝 쪽을 라펠의 이면 쪽으로 약간 둥글게 자리잡으면서 열을 식힌다.

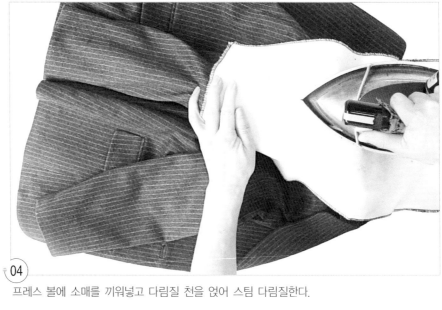

 프레스 볼에 소매를 끼워넣고 다림질 천을 얹어 스팀 다림질한다.

21. 단추를 달아 완성한다.

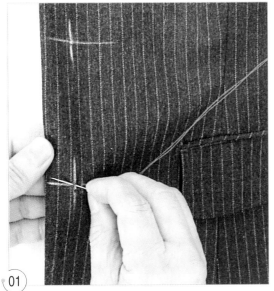

01 매듭을 짓고 단추 다는 위치의 표면에서 +자로 뜬다.

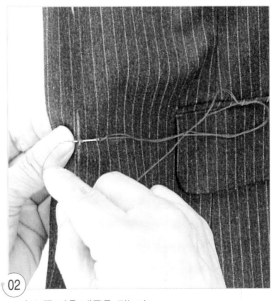

02 +자로 뜬 다음 매듭을 짓는다.

03 단추의 구멍을 통과시킨다.

04 단춧구멍 쪽의 앞 여밈을 단추 밑에 넣어 앞 여밈 두께 분 만큼 실기둥 분을 세운다.

05 실기둥 분을 유지하면서 단추를 단다.

06 단추의 위쪽에서부터 감아 내려가 마지막으로 감은 실을 조여 매듭진다.

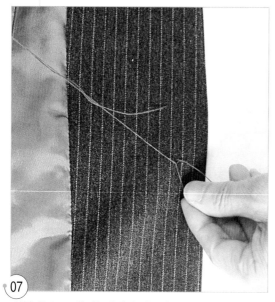

07 이면 쪽으로 바늘을 빼내어 매듭짓는다.

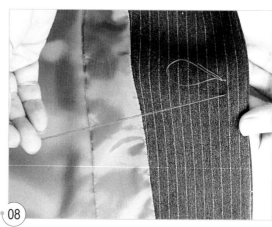

08 천 사이로 바늘을 통과시킨다.

09 실 끝을 당겨 실을 잘라낸다.

4cm

10 완성.

V넥 재킷 V Neck Line Jacket

실루엣 ●●● 앞뒤 패널라인이 들어간 셋인 슬리브의 허리를 피트시킨 칼라가 없는 V넥 재킷으로 카디건과 같이 간편하게 착용할 수 있는 스타일이다.

포인트 ●●● 스티치로 패치 포켓 다는 법과, 셋인 슬리브(한 장 소매) 만드는 법, 칼라가 없는 재킷의 앞 여밈 처리법, 전체 안감 넣는 법을 배운다.

제도법 ...

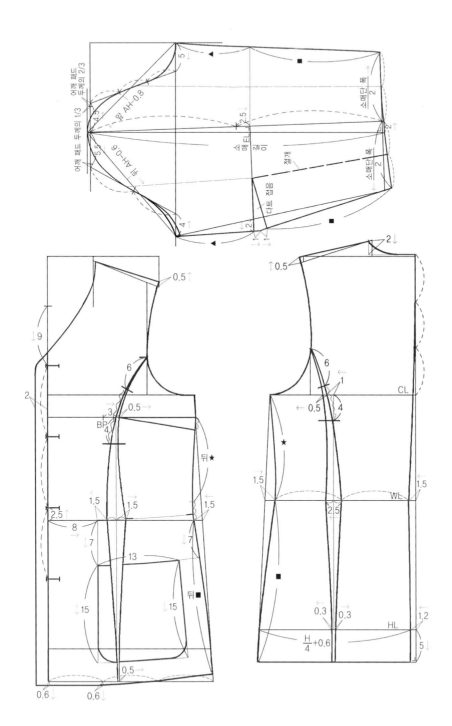

● 겉감의 재단

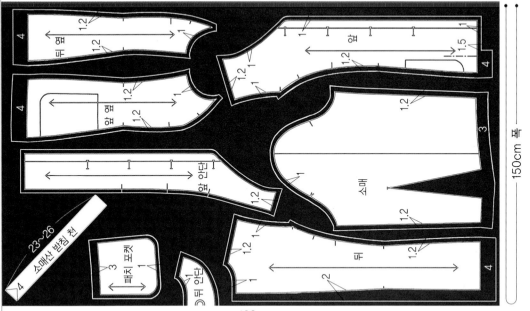

150cm 폭

128cm

재 료

- 겉감 : 150cm 폭 128cm
- 안감 : 90cm 폭 180cm
- 접착 심지(앞판, 앞 안단, 뒤, 뒤 안단, 앞 소매, 뒤 소매, 주머니 입구 천) 90cm 폭 70cm
- 단추 : 직경 2cm 4개 직경 1.2cm 4개
- 어깨 패드 : 어깨 패드 1set

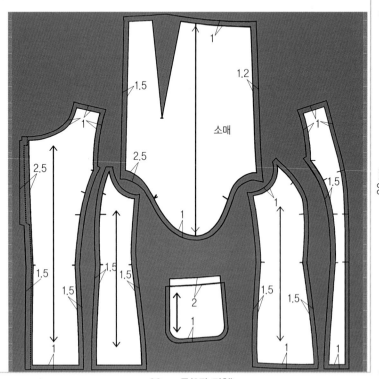

90cm 폭(2장 겹침)

90cm

1. 표시를 한다.

뒤 안단

피치 포켓

시침질

한 장 소매

뒤 옆

뒤

앞 안단

앞

앞 옆

01

소매와 뒤 옆, 뒤, 뒤 안단, 앞 안단, 앞, 앞 옆 주머니의 완성선에 실표뜨기로 표시를 하고, 뒤 중심선은 완성선에서 0.1cm 안쪽에 시침질로 고정시켜 둔다.

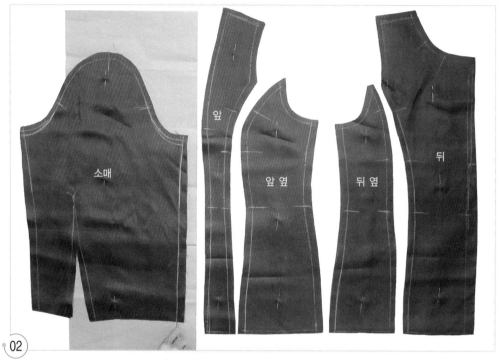

02 초크 페이퍼 위에 안감의 소매와 앞, 앞 옆, 뒤 옆, 뒤판을 얹고 룰렛이나 송곳으로 완성선을 눌러 표시한다.

2. 접착 심지를 붙인다.

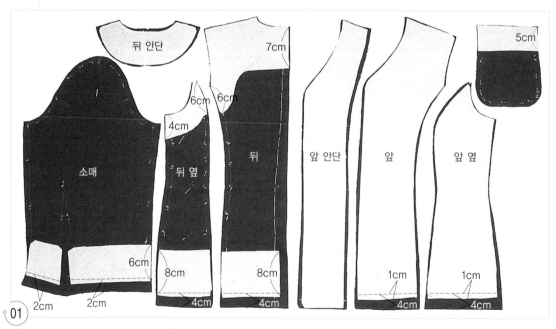

01 겉감의 소매, 뒤 옆, 뒤, 뒤 안단, 앞 안단, 앞, 앞 옆, 주머니 입구에 사진과 같이 접착 심지를 붙인다.

3. 앞 패널라인을 박는다.

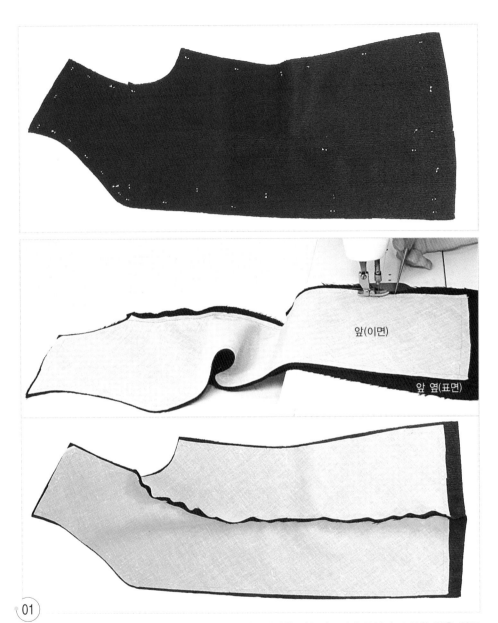

앞(이면)

앞 옆(표면)

（01）

앞 몸판과 앞 옆 몸판을 겉끼리 마주 대어 앞 패널라인을 박는다. 이때 곡선이 오목한 쪽을 위쪽
으로 오게 하여 패널라인 선을 박는 것이 좋다.

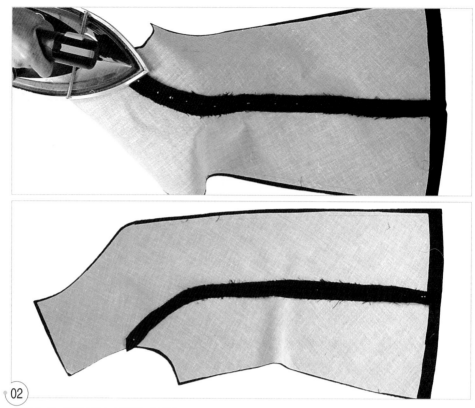

02
프레스 볼 위에 얹어 시접을 가른다.

4. 뒤 중심과 뒤 패널라인을 박는다.

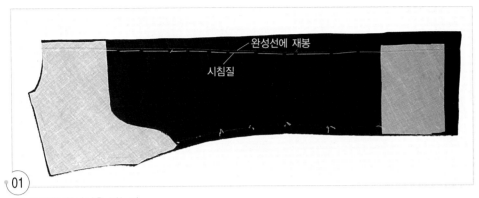

완성선에 재봉

시침질

01 뒤 중심의 완성선을 박는다.

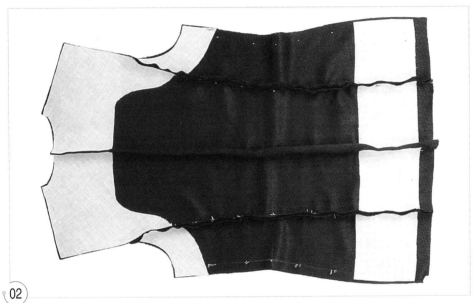

02 앞판과 같은 방법으로 뒤 패널라인을 박는다. 이때 뒤 중심 쪽이 위쪽으로 오게 하여 패널라인을 박는다.

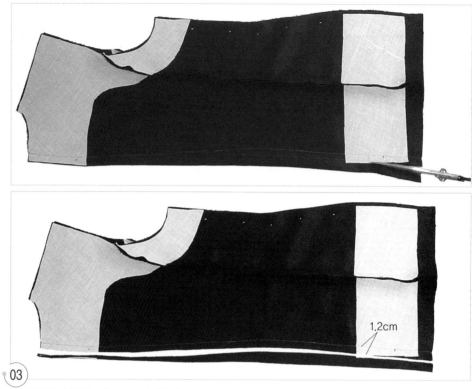

③ 뒤 중심의 시접을 1.2cm로 정리한다.

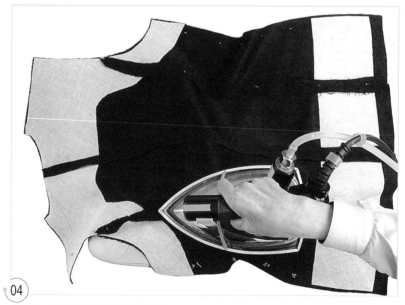

④ 프레스 볼 위에 얹어 시접을 가른다.

5. 패치 포켓을 만들어 단다.

접착 테이프

주머니 입구 선

01
접착 심지를 붙인 겉 주머니의 주머니 입구 선에
1.5cm 폭의 늘림 방지용 접착 테이프를 붙인다.

상침재봉

주머니 입구 선

02
주머니 입구 선에서 1cm 올라간 곳에 상침재봉으로 접
착 테이프를 박아 고정시킨다.

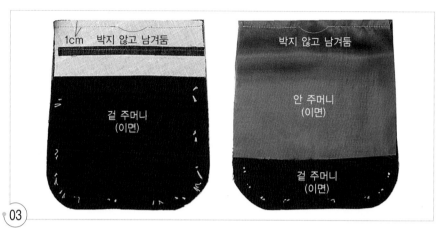

03

겉 주머니와 안 주머니를 겉끼리 마주 대어 시접 끝에서 1cm 내려온 곳에서 좌우 1/3씩만 박고 중간 부분의 1/3은 박지 않고 남겨둔다.

🈲 박지 않고 남겨둔 쪽에서는 되박음질한다.

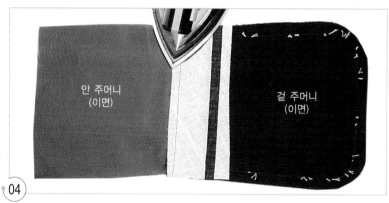

04

시접을 안 주머니 쪽으로 넘긴다.

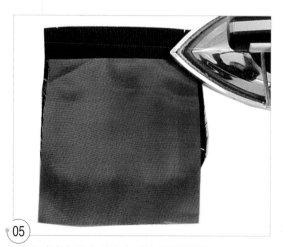

05

겉 주머니의 입구 선에서 접어 다림질한다.

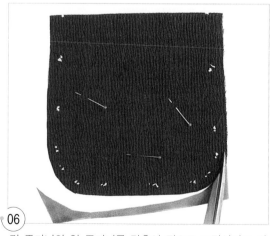

06

겉 주머니와 안 주머니를 맞추어 핀으로 고정시키고 겉 주머니와 안 주머니의 시접이 똑같아지도록 정리한다.

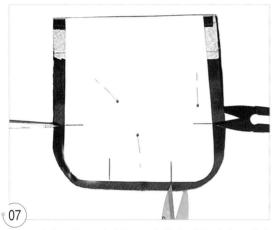

07 겉 주머니와 안 주머니를 두 장 함께 겹친 상태로 패턴의 표시에 맞추어 시접에만 0.3cm 가윗밥을 넣는다.

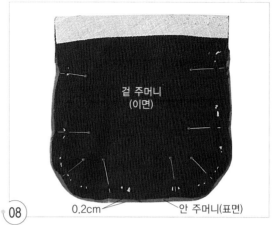

0.2cm   안 주머니(표면)

08 가윗밥을 넣어 표시한 위치가 틀어지지 않도록 하여 겉 주머니를 0.2cm 안쪽으로 차이지게 밀어 핀으로 고정시킨다.

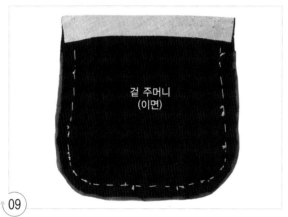

09 겉 주머니의 완성선을 시침질로 고정시킨다.

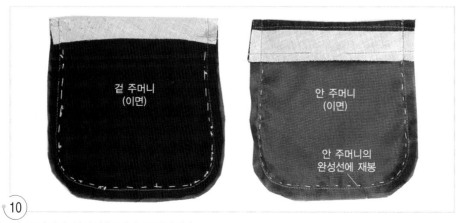

10 안 주머니의 완성선을 박아 고정시킨다.

11 시접을 0.7cm로 정리하고 주머니 아래쪽의 곡선 부분은 시접을 0.3cm로 정리한다.

12 주머니 입구 쪽의 박지 않고 남겨둔 곳으로 손을 넣어 겉으로 뒤집는다.

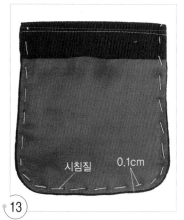

13 안 주머니를 0.1cm 차이지게 안쪽으로 밀어 시침질로 고정시킨다.

14 다리미로 모양을 정리한다.

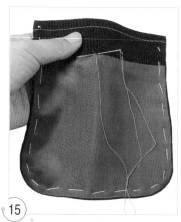

15 주머니 입구 쪽에 박지 않고 남겨둔 곳을 감침질로 고정시킨다.

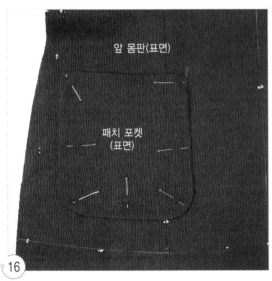

16
완성된 주머니를 앞판 표면 쪽의 주머니 다는 위치에 맞추어 얹고 핀으로 고정시킨다.

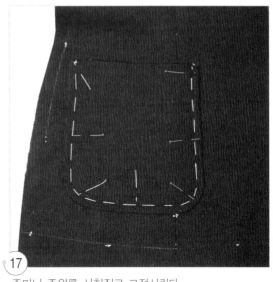

17
주머니 주위를 시침질로 고정시킨다.

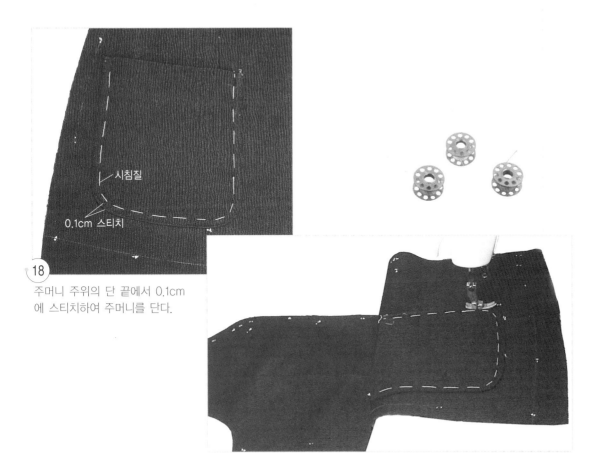

시침질

0.1cm 스티치

18
주머니 주위의 단 끝에서 0.1cm 에 스티치하여 주머니를 단다.

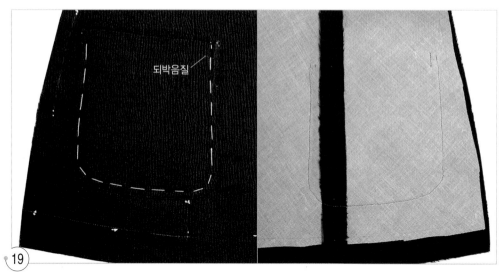

되박음질

19

주머니 입구 쪽의 양옆에서 0.7cm 들어간 곳을 되박음질로 고정시킨다.

6. 어깨선을 박는다.

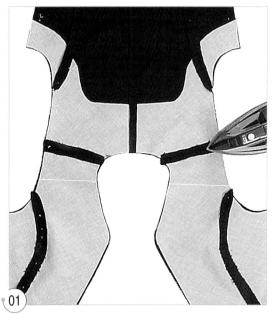

01

앞판과 뒤판을 겉끼리 마주 대어 옆 목점과 어깨 끝점의 표시끼리 맞추면 앞판과 뒤판의 어깨선 길이가 차이지게 된다. 뒤판의 어깨선 길이에 맞추어 앞판을 약간 당겨 어깨선을 박고 시접을 가른다.

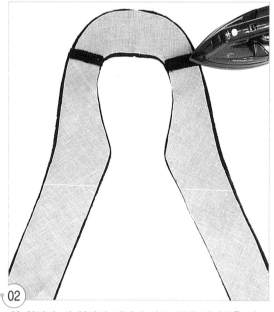

02

앞 안단과 뒤 안단의 겉끼리 마주 대어 어깨선을 박고 시접을 가른다.

7. 앞뒤 안감의 패널라인과 뒤 중심, 어깨선을 박는다.

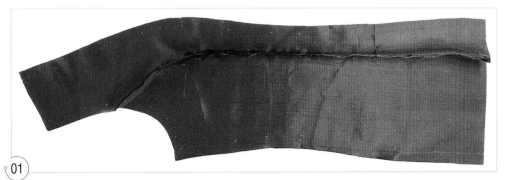

01 앞 안감의 패널라인을 곡선 부분은 완성선을, 직선 부분은 완성선에서 0.2cm 시접 쪽을 박는다.

02 시접을 완성선에서 접어 옆선 쪽으로 넘긴다.

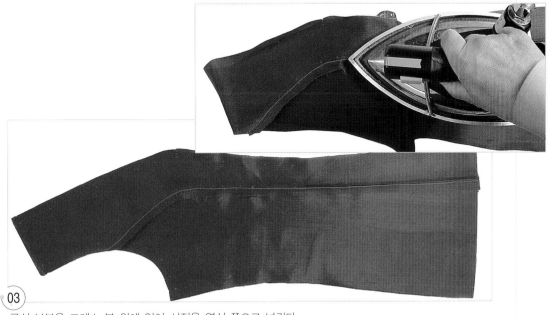

03 곡선 부분은 프레스 볼 위에 얹어 시접을 옆선 쪽으로 넘긴다.

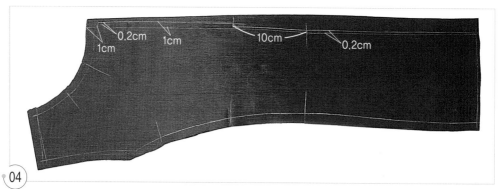

04 뒤 중심선은 뒷목점에서 1cm 내려간 곳까지는 완성선에서 0.2cm 시접 쪽을 박고, 허리선에서 10cm 정도 올라간 곳까지는 완성선에서 1cm 시접 쪽을 박은 다음, 다시 밑단 선까지는 0.2cm 시접 쪽을 사진과 같이 박는다.

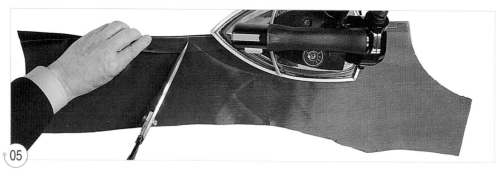

05 뒤 중심의 허리선 위치에서 시접에 가윗밥을 넣고 시접을 완성선에서 왼쪽으로 접는다.

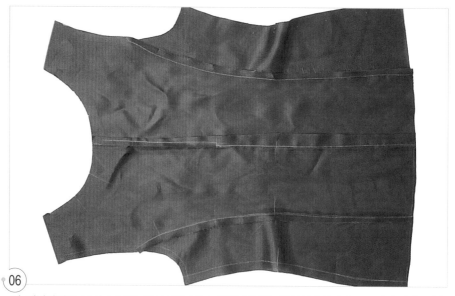

06 뒤 패널라인도 곡선 부분은 완성선을 박고 직선 부분은 완성선에서 0.2cm 시접 쪽을 박은 다음 시접을 뒤 중심 쪽으로 넘긴다.

07 겉끼리 마주 대어 앞뒤 어깨선을 박고 시접을 뒤판 쪽으로 넘긴다.

8. 몸판과 안단을 연결한다.

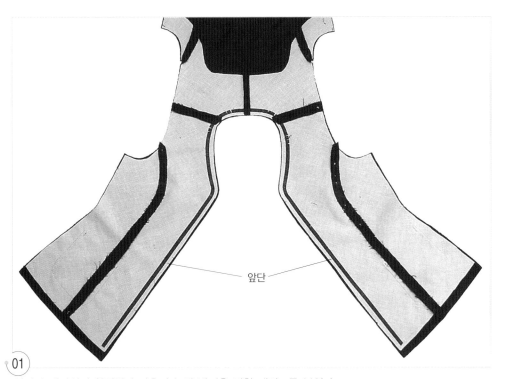

앞단

01 앞단과 넥라인의 완성선에 맞추어 늘림 방지용 접착 테이프를 붙인다.

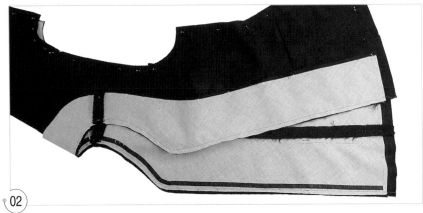

02 겉 몸판과 안단을 겉끼리 마주 대어 이면 쪽에서 좌우 앞단과 넥라인을 박는다.

03 시접을 가른다.

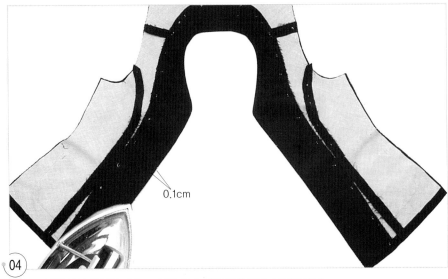

0.1cm

04 겉으로 뒤집어서 안단을 0.1cm 안쪽으로 차이지게 밀어 다림질한다.

9. 안단과 안감을 연결한다.

01
안단과 안감을 겉끼리 마주 대어 표시끼리 맞추고 핀으로 고정시킨다.

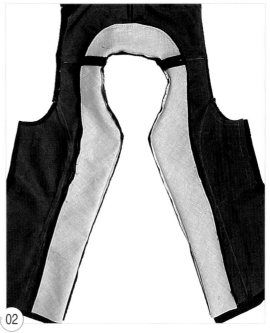

02
완성선을 박는다.

03
겉감과 안감을 맞추어 핀으로 고정시키고 시접 1.2cm를 남기고 남는 겉감과 안감의 시접 두 장을 함께 정리한다.

10. 옆선을 박는다.

01 겉감의 앞뒤 몸판을 겉끼리 마주 대어 옆선의 완성선을
박는다.

02 옆선의 시접을 가른다.

03 밑단 쪽 시접이 투박해지지 않도록 시접을 좁게 잘라낸다.

④ 안감의 앞뒤 몸판을 겉끼리 마주 대어 옆선의 완성선에서 0.2cm 시접 쪽을 박는다.

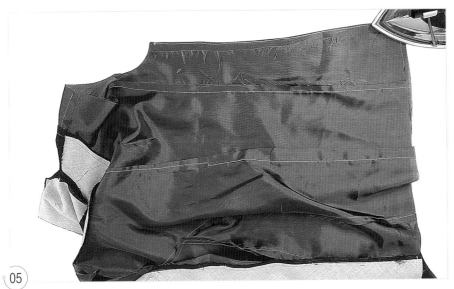

⑤ 안감의 옆선 시접을 두 장 함께 뒤판 쪽으로 넘긴다.

11. 겉 소매를 만든다.

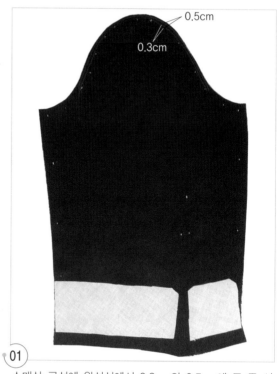

01 소매산 곡선에 완성선에서 0.3cm와 0.5cm에 두 줄 시침재봉을 한다.

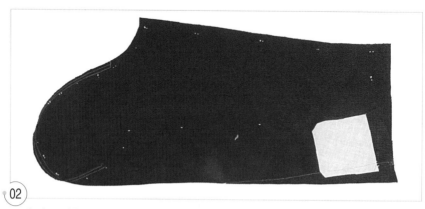

02 소매 다트 선을 박는다.

03 소매 다트 시접을 완성선에서 0.7cm 남기고 잘라낸다.

04 시접을 가른다.

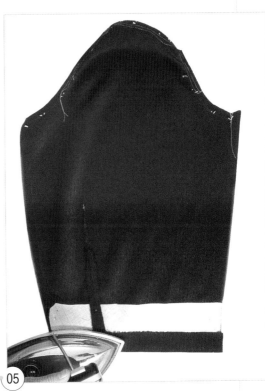

05 소매단을 완성선에서 접어 가볍게 다림질한다.

06

소매 밑 선을 박는다.

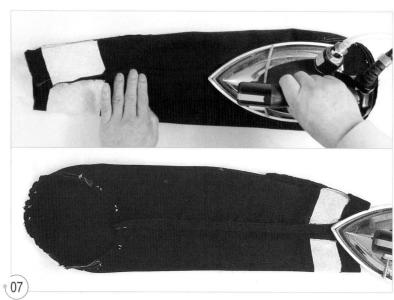

07

시접을 가르고 소매단을 완성선에서 접어 다림질한다.

08

소매산 곡선에 시침재봉한 밑실 두 올을 함께 당겨 소매산 곡선을 오그린다.

09 프레스 볼에 끼워 다리미 끝으로 오그림 분을 눌러 자리잡아 둔다.

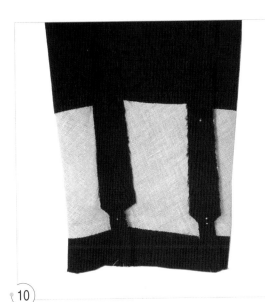

10 소매 밑 선과 다트를 박은 소매단 쪽 시접을 투박해지지 않도록 좁게 잘라낸다.

11 소매단 시접을 겉까지 바늘땀이 나타나지 않도록 접착심지만 떠서 새발뜨기로 고정시킨다.

12. 겉 소매를 단다.

01 안감을 피해서 겉 몸판과 겉 소매를 겉끼리 마주 대어
어깨 끝점, 소매산의 맞춤 표시, 겨드랑 밑의 옆선 표시
끼리 맞추고 핀으로 고정시킨다.

02 완성선에서 0.1cm 시접 쪽에 촘촘한 시침질로 고정시킨다.

03 소매가 위쪽으로 오게 하여 겨드랑 밑쪽부터 완성선을 두 번 박기 한다.

04 4cm 폭의 정바이어스 방향으로 길이 23~26cm 정도 (즉, 앞뒤 패널라인에서 소매산 곡선 길이+3cm)의 소매산 받침 천을 준비한다.

05 4cm 폭으로 재단한 소매산 받침 천을 1.5cm 접는다.

06 소매산 곡선에 자연스럽게 맞추어지도록 다리미로 소매산 받침 천을 곡선 모양으로 만든다.

07 소매산 받침 천의 양쪽 끝을 앞뒤 패널라인에서 1.5cm씩 내려 맞추고 소매산 곡선의 완성선에서
0.1cm 시접 쪽을 박아 고정시킨다. 이때 앞뒤 패널라인에서 1.5cm 겨드랑이 쪽은 박지 않고 남겨둔다.

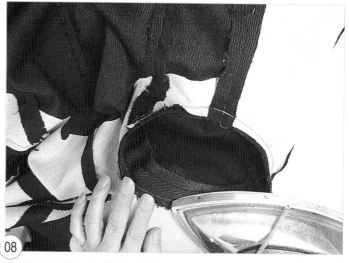

08 소매를 단 선이 매끄럽게 처리되도록 프레스 볼에 얹어 박은 선을 다림
질한다.

13. 안 소매를 만들어 단다.

① 안 소매의 소매산 곡선에 시침재봉을 한다.

② 안 소매의 다트를 박는다.

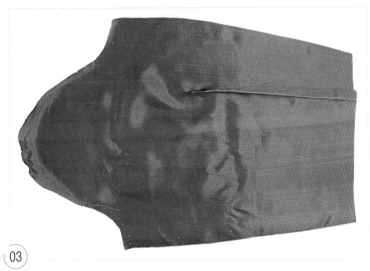

③ 다트 시접을 앞 소매 쪽으로 넘긴다.

V넥 재킷 ◦ V Neck Line Jacket ┃97

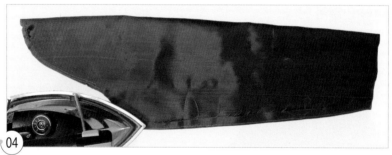

04 안 소매 밑 선을 완성선에서 0.2cm 시접 쪽을 박고 시접 두 장을 함께 완성선에서 뒤 소매 쪽으로 접어 넘긴다.

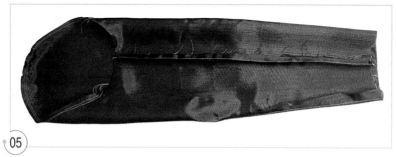

05 소매산 곡선에 시침재봉한 실 두 올을 함께 당겨 소매산 곡선을 오그린다.

06 겉감을 피해서 안감의 몸판과 안 소매를 겉끼리 마주 대어 표시끼리 맞추고 핀으로 고정시킨다.

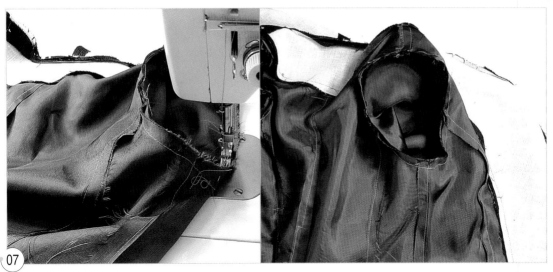

07 완성선을 박아 고정시킨다.

14. 어깨 패드를 단다.

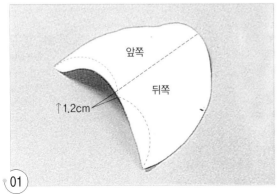

앞쪽

뒤쪽

↑1.2cm

01 재킷용 어깨 패드를 사용한다.

02 겉 몸판의 어깨선 이면에 어깨 패드의 표면을 마주 대어 맞춤표시를 맞추고 핀으로 고정시킨 다음, 어깨 패드를 구부린 상태로 어깨 끝 선 시접에 맞추어 손바느질의 온박음질로 고정시킨다.

03 이면 쪽에서 어깨선에 한쪽 손을 받치고 어깨선을 앞뒤로 쓸어내려 패드를 안정시키고 핀으로 고정시킨다.

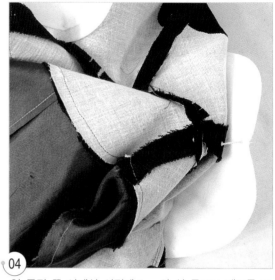

04 옆 목점 쪽 어깨선 시접에 1cm의 실 루프로 패드를 고정시킨다.

15. 안감을 고정시키고 겉감의 밑단 선을 처리한다.

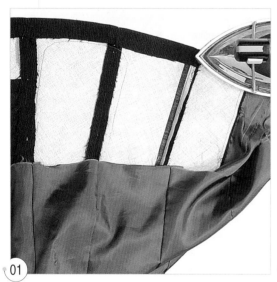

01 밑단의 시접을 완성선에서 접는다.

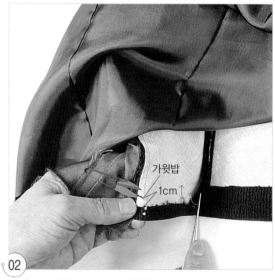

가윗밥

1cm ↑

02 밑단 쪽 안단 시접에 가윗밥을 넣고, 안단과 몸판을 연결한 곳의 시접이 밀리지 않도록 송곳으로 누르고 안단을 겉으로 뒤집는다.

03 안단의 밑단 선을 다리미로 정리한다.

04 밑단 쪽의 안단 시접에 가윗밥을 넣은 곳까지는 안단의 시접을 안단 쪽으로 넘기고, 가윗밥을 넣은 곳에서 위쪽은 안감 쪽으로 시접을 넘긴다.

가윗밥 위치

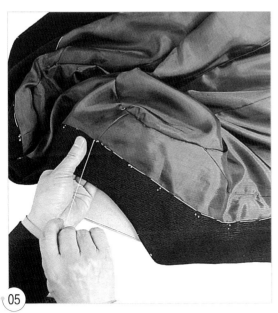

05 안단과 안감을 연결한 박은 선 홈에 겉감까지 통하게 시침질로 고정시킨다.

06 겉감에까지 바늘땀이 나오지 않도록 어깨 패드와 접착 심지에만 안단과 안감의 시접을 두 장 함께 새발뜨기로 고정시킨다.

07 겉감의 밑단 선을 새발뜨기로 고정시킨다.

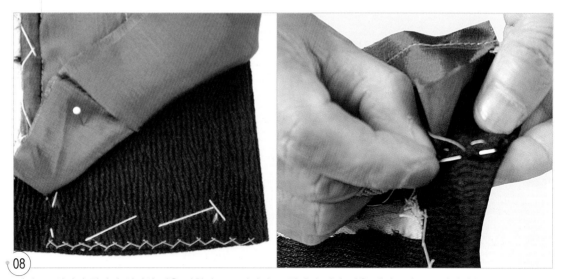

08 밑단 쪽 안단과 안감의 연결선 밑은 감침질로 고정시키고, 안단의 밑단 선은 새발뜨기로 고정시킨다.

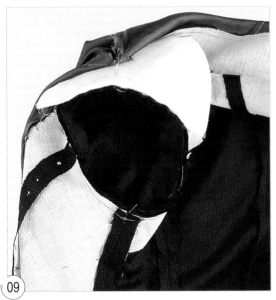

09 안감의 어깨 끝 시접과 어깨 패드를 1cm의 실 루프로 고정시킨다.

반박음질로 고정

10 겨드랑 밑쪽의 안감과 겉감의 시접을 손바느질의 반박 음질로 고정시킨다.

16. 안감의 소매단과 밑단 선을 처리한다.

01 겉 소매와 안 소매를 소매단 쪽에서 동시 에 당겨 안 소매의 길이를 확인하고 소매 단 쪽에 핀으로 고정시킨다.

2cm

02 소매단에서 2cm 올라간 곳에 맞추어 안 소매의 시접을 접어 넣고 안감의 소매단 선 끝에서 1cm 올라간 곳에 시침질로 고정시킨다.

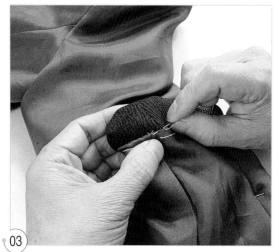

③ 안 소매의 소매단 선을 감침질로 고정시킨다.

1cm
2cm

④ 뒷목점 쪽에서 한손으로 잡고 겉감을 당긴 다음 뒤 중심 쪽에 약간의 여유분을 넣어 핀으로 고정시키고 겉감의 밑단 선에서 2cm 올려 안감의 밑단 선 시접을 접어 넣고 1cm 올라간 곳에 시침질로 고정시킨다.

⑤ 1cm 올라간 시침선 쪽으로 안감의 밑단을 접은 선에서 0.5cm 들어 올리고 속감치기로 고정시킨다.

17. 앞 오른쪽에 단춧구멍을 만들고 마무리 다림질을 한다.

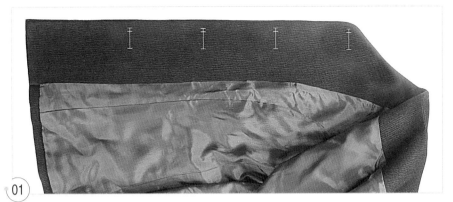

01 안단 쪽에 단춧구멍 위치를 표시한다.

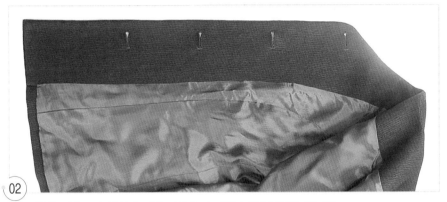

02 앞 오른쪽 단춧구멍 위치에 머신 버튼홀 스티치로 단춧구멍을 만든다.

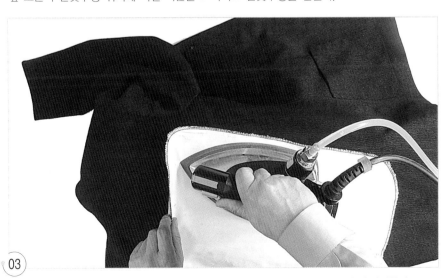

03 몸판은 편편한 다리미 판 위에 올려놓고 겉쪽에서 다림질 천을 얹고 스팀 다림질한다.

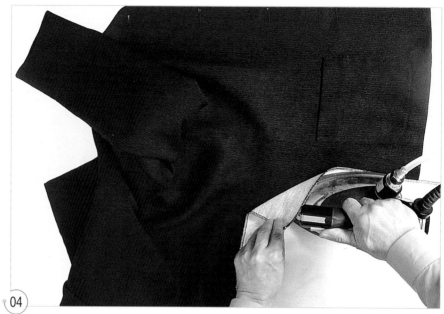

04 어깨선은 프레스 볼 위에 얹어 다림질한다.

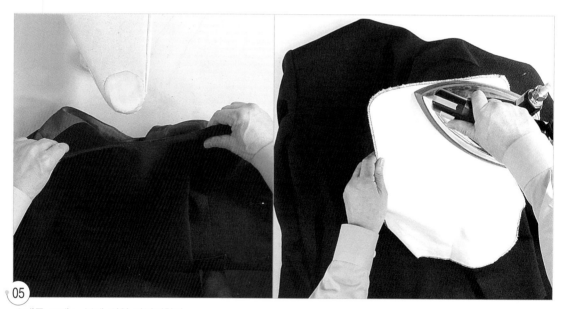

05 소매를 프레스 볼에 끼워 다림질한다.

18. 단추를 달아 완성한다.

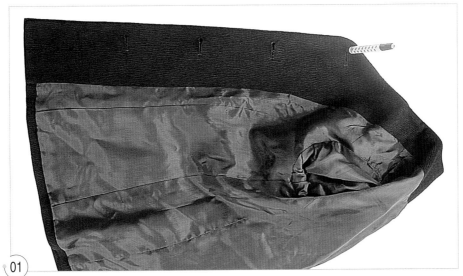

01 좌우 앞단을 겉끼리 맞추어 겹쳐 놓은 상태에서 오른쪽의 단춧구멍 위치에서 앞 왼쪽의 단추 다는 위치를 표시한다.

4cm

02 단추를 달아 완성한다.

래글런 소매 재킷 Raglan Sleeve Jacket (Shirts Collar)

■■■ J.A.C.K.E.T **03**

실루엣 ●●● 소매 둘레가 정상적인 소매 둘레의 위치에 있지 않고, 목선에서 바로 소매산이 되는 것과 같은 래글런 소매와 셔츠 칼라는 목 둘레가 자연스럽도록 칼라의 꺾임 선 부분을 스탠드 밴드로 절개하였으며, 앞뒤 허리 다트를 넣어 허리 부분을 피트시킨 짧은 길이의 귀여우면서도 여성스러운 느낌의 재킷이다.

포인트 ●●● 플랩 포켓 / 래글런 소매 / 스탠드 밴드로 절개한 셔츠 칼라 / 전체 안감을 넣어 만드는 법을 배운다.

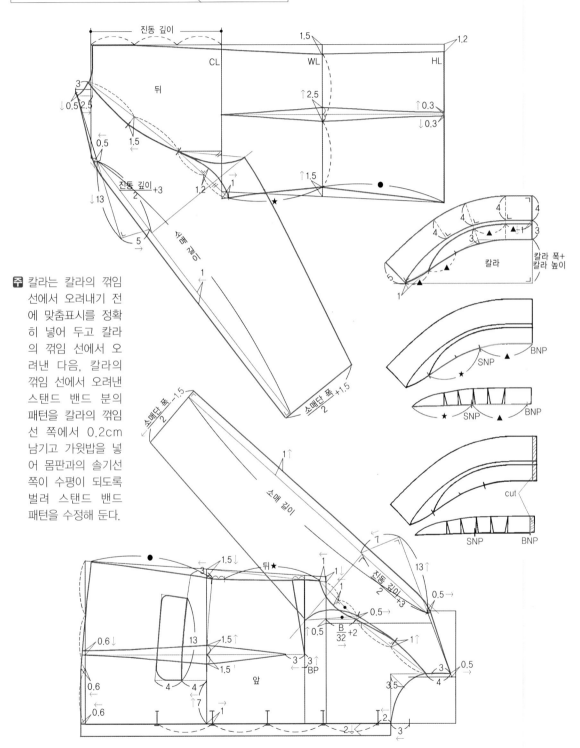

⊕ 칼라는 칼라의 꺾임 선에서 오려내기 전에 맞춤표시를 정확히 넣어 두고 칼라의 꺾임 선에서 오려낸 다음, 칼라의 꺾임 선에서 오려낸 스탠드 밴드 분의 패턴을 칼라의 꺾임 선 쪽에서 0.2cm 남기고 가윗밥을 넣어 몸판과의 솔기선 쪽이 수평이 되도록 벌려 스탠드 밴드 패턴을 수정해 둔다.

● 겉감의 재단

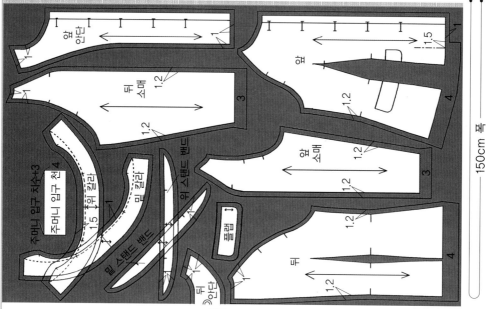

150cm 폭

120cm

앞 안단

뒤 소매

앞 소매

위 스탠드 밴드

밑 스탠드 밴드

앞 칼라

밑 칼라

주머니 입구 치수+3

주머니 입구 천4

플랩

뒤

뒤 안단

1.2 / 3 / 4 / 1 / 1.5

● 안감의 재단

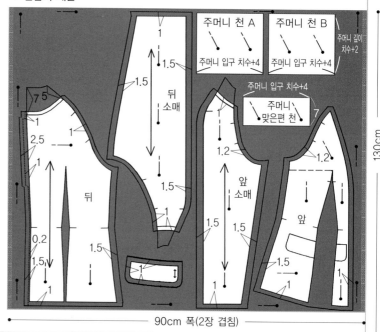

주머니 천 A	주머니 천 B
주머니 입구 치수+4	주머니 입구 치수+4

주머니 깊이 치수+2

주머니 입구 치수+4

주머니 맞은편 천

뒤 소매

앞 소매

뒤

앞

130cm

90cm 폭(2장 겹침)

재 료

- 겉감 : 150cm 폭 120cm
- 안감 : 90cm 폭 130cm
- 접착 심지(앞판, 앞 안단, 뒤, 뒤 안단, 앞 소매, 뒤 소매, 위 칼라, 밑 칼라, 위 스탠드 밴드, 밑 스탠드 밴드, 플랩 주머니 입구 천) 90cm 폭 70cm
- 단추 : 직경 2cm 5개
- 어깨 패드 : 래글런용 어깨 패드 1set

봉제법 • • •

1. 표시를 한다.

위 칼라

밑 칼라   뒤 안단

위 스탠드 밴드

밑 스탠드 밴드

앞

시침질

앞 소매   뒤 소매   앞 안단   뒤

01

겉감의 앞판과 앞 안단, 뒤판과 뒤 안단, 앞뒤 소매 위 칼라와 위 스탠드 밴드, 밑 칼라와 밑 스탠드 밴드의 완성선에
실표뜨기로 표시를 한다.

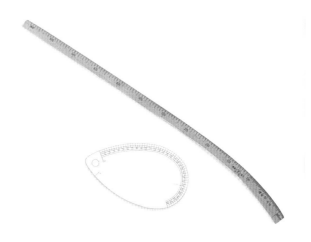

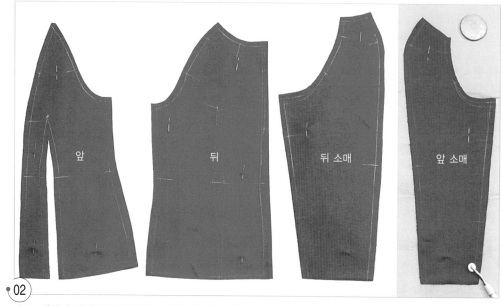

02 초크 페이퍼 위에 안감의 앞판과 뒤판, 앞뒤 소매를 얹고 룰렛이나 송곳으로 완성선을 눌러 표시한다.

2. 접착 심지와 접착 테이프를 붙인다.

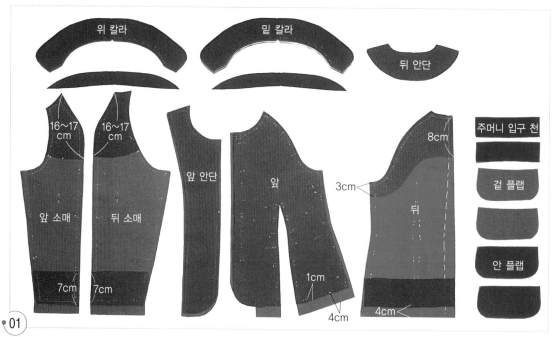

01 사진과 같이 겉감의 앞판과 앞 안단, 뒤판과 뒤 안단, 앞뒤 소매, 위 칼라와 밑 칼라, 주머니 입구 천, 플랩 안감에 접착 심지를 붙인다.

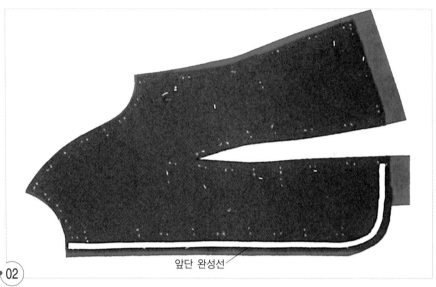

 안의 라벨: 앞단 완성선

 번호: 02

겉감 앞판의 앞단 완성선에 늘림 방지용 접착 테이프를 붙인다.

3. 앞 다트를 박는다.

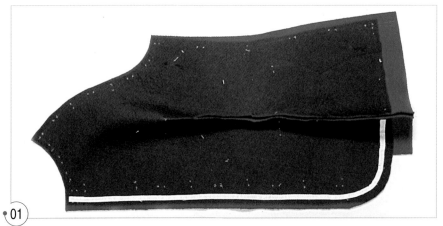

01

앞판의 다트 완성선을 박는다.

02

시접을 가른다.

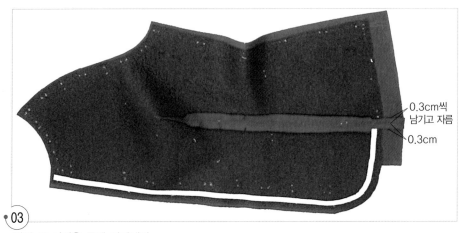

0.3cm씩
남기고 자름

0.3cm

03

밑단 쪽 시접을 좁게 잘라낸다.

4. 뒤 중심선과 다트를 박는다.

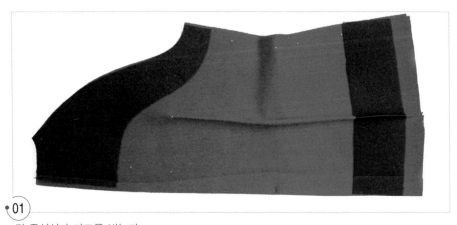

01
뒤 중심선과 다트를 박는다.

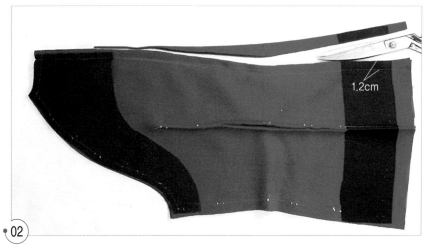

02 뒤 다트의 시접을 1cm 남기고 잘라내고 위아래 쪽은 다트 중앙에 가위를 넣어 가위가 들어가는 곳까지 자른 다음, 뒤 중심의 시접을 1.2cm 남기고 잘라낸다.

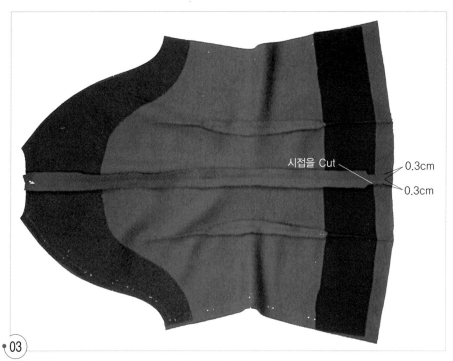

03 다트와 뒤 중심의 시접을 가르고, 뒤 중심 밑단 쪽의 시접을 좁게 잘라낸다.

5. 플랩 포켓을 만들어 단다.

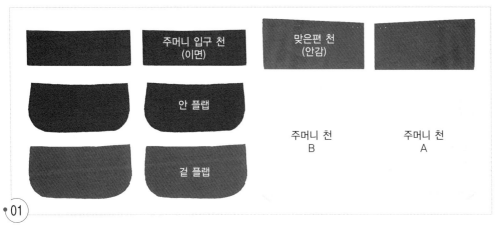

주머니 입구 천
(이면)

맞은편 천
(안감)

안 플랩

겉 플랩

주머니 천
B

주머니 천
A

01
플랩 포켓의 부속품을 준비한다.

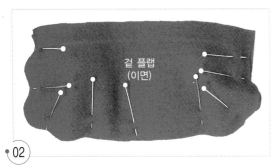

겉 플랩
(이면)

02
겉 플랩과 안 플랩을 겉끼리 마주 대어 표시끼리 맞추고, 겉 플랩을 0.2cm 안쪽으로 밀어 핀으로 고정시킨다.

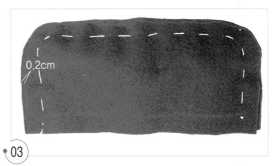

0.2cm

03
겉 플랩의 완성선을 따라 시침질로 고정시킨다.

04

안 플랩의 완성선을 박는다.

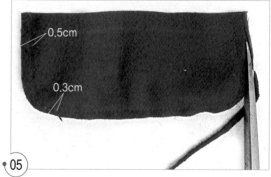

05

시접을 직선은 0.5cm로, 곡선은 0.3cm로 정리한다.

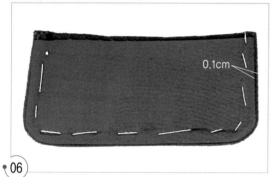

06

겉으로 뒤집으면 자연스럽게 안 플랩이 0.1cm 안쪽으로 차이지게 될 것이나, 만약 차이가 없을 경우에는 0.1cm 를 안쪽으로 밀어 시침질로 고정시킨다.

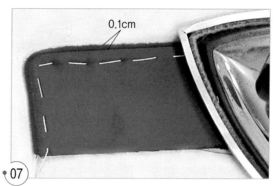

07

다리미로 모양을 잡는다.

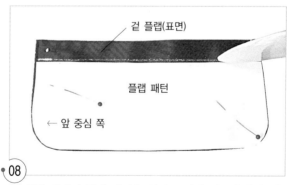

08

겉 플랩 쪽에서 플랩 패턴을 얹어 주머니 입구의 완성선을 초크로 표시한다.

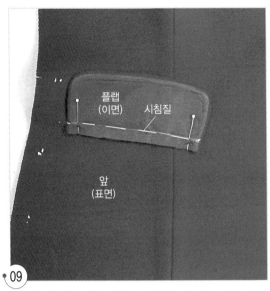

09 앞판의 주머니 다는 위치에 플랩을 겉끼리 마주 대어 맞추어 얹고 시침질로 고정시킨다.

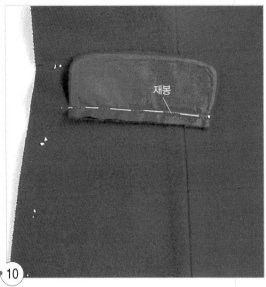

10 플랩의 완성선을 박아 고정시킨다.

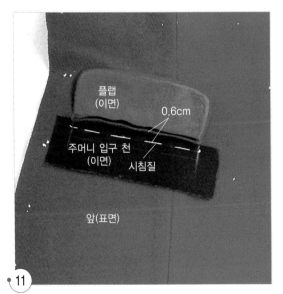

11 플랩의 주머니 입구 시접 밑에 주머니 입구 천을 겉끼리 마주 대어 얹고 시침질로 고정시킨다.

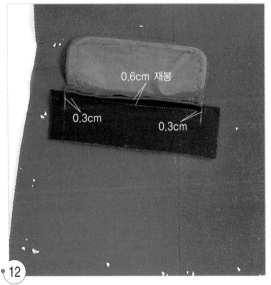

12 플랩의 양쪽 끝에서 수직으로 내려 긋고 그 선에서 좌우 모두 0.3cm 안쪽까지만 0.6cm 폭으로 박는다.

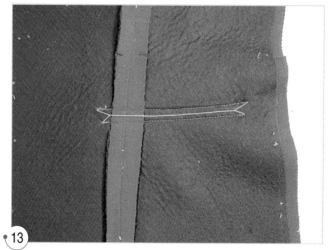

13 플랩과 주머니 입구 천의 시접을 피해 이면 쪽에서 몸판에 수평으로 표시된 곳까지 중앙에 가윗밥을 넣는다.

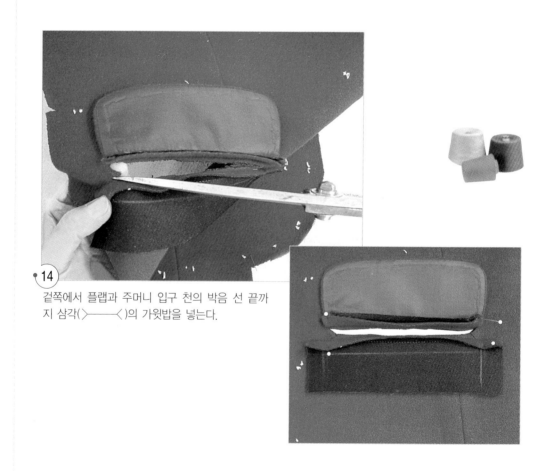

14 겉쪽에서 플랩과 주머니 입구 천의 박음 선 끝까지 삼각(>——<)의 가윗밥을 넣는다.

15 이면 쪽으로 플랩의 시접을 빼내어 다림질한다.

앞(이면)

16 이면 쪽으로 주머니 입구 천을 이면 쪽으로 빼낸다.

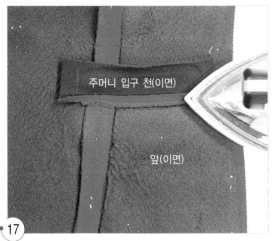

주머니 입구 천(이면)

앞(이면)

17 주머니 입구 천의 시접을 가른다.

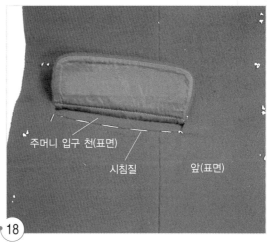

주머니 입구 천(표면)

시침질

앞(표면)

18 주머니 입구 천을 플랩의 박은 선에 맞추어 접고 주머니 입구가 벌어지지 않도록 겉쪽에서 주머니 입구 천의 박은 선 홈에 시침질로 고정시킨다.

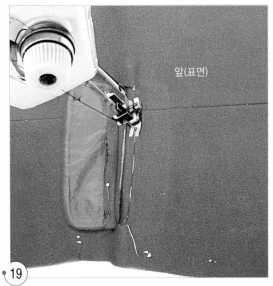

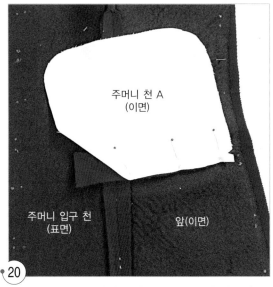

19 겉쪽에서 주머니 입구 천의 박은 선 홈에 상침재봉을 한다.

20 주머니 입구 천의 아래쪽 시접 끝에 주머니 천 A의 표면을 마주 대어 맞추어 얹고 핀으로 고정시킨다.

21 몸판 아래쪽을 밑으로 접어 넘기고 주머니 입구 천과 주머니 천 A를 박아 고정시킨다.

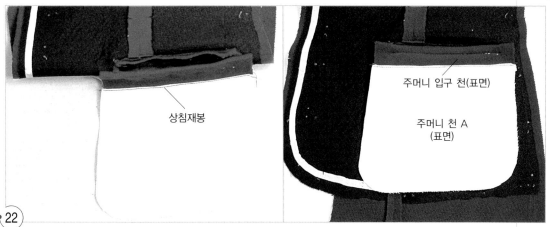

주머니 입구 천(표면)

주머니 천 A
(표면)

상침재봉

22 주머니 천 A 쪽으로 시접을 모두 넘기고 상침재봉을 한다.

주머니 맞은편 천
(이면)

0.7cm

23 맞은편 천의 아래쪽 시접을 0.7cm 접는다.

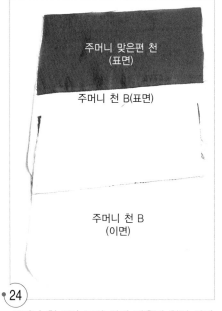

주머니 맞은편 천
(표면)

주머니 천 B(표면)

주머니 천 B
(이면)

24 주머니 천 B의 표면 위에 맞은편 천의 이면
을 마주 대어 얹고 상침재봉을 한다.

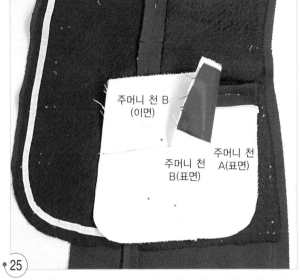

주머니 천 B
(이면)

주머니 천
B(표면)

주머니 천
A(표면)

25 주머니 천 A의 표면 위에 주머니 천 B의 표면을 마주 대어
얹고 핀으로 고정시킨다.

26 주머니 천 B까지 통하게 플랩의 박은 선 바로 옆을 박아 고정시킨다.

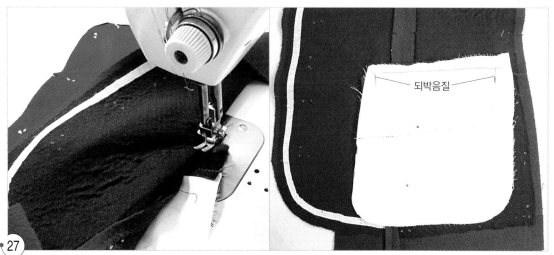

되박음질

27 주머니 입구의 양옆 삼각 천을 이면 쪽으로 빼내어 주머니 천 B까지 통하게 되박음질로 고정시킨다.

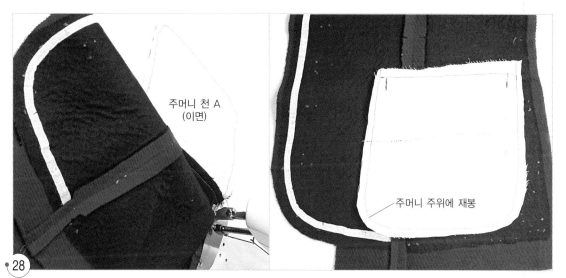

주머니 천 A
(이면)

주머니 주위에 재봉

28 주머니 천 A와 B를 맞추어 주머니 주위를 박는다.

6. 앞뒤 소매를 단다.

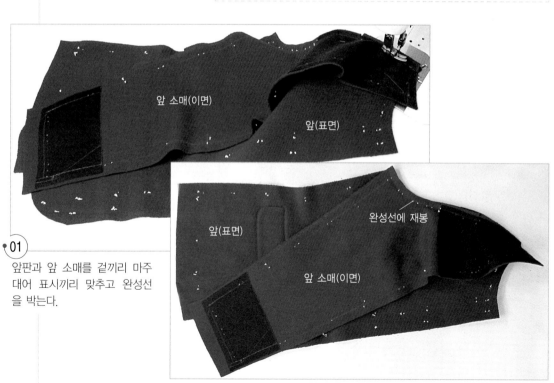

앞 소매(이면)

앞(표면)

앞(표면)

완성선에 재봉

앞 소매(이면)

01

앞판과 앞 소매를 겉끼리 마주
대어 표시끼리 맞추고 완성선
을 박는다.

02 프레스 볼 위에 얹어 시접을 가른다.

뒤 소매
(이면)

뒤
(이면)

03 앞판과 같은 방법으로 뒤 소매를 단다.

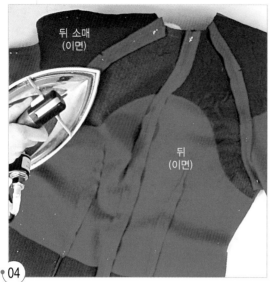

뒤 소매
(이면)

뒤
(이면)

04 뒤 소매의 시접을 가른다.

05 앞뒤 소매를 겉끼리 마주 대어 소매산 선을 박는다.

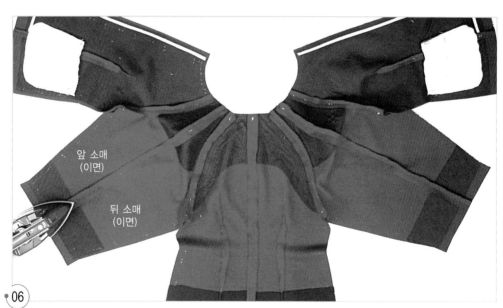

앞 소매
(이면)

뒤 소매
(이면)

06 소매산 솔기 선의 시접을 가른다.

7. 안단에 안감을 만들어 단다.

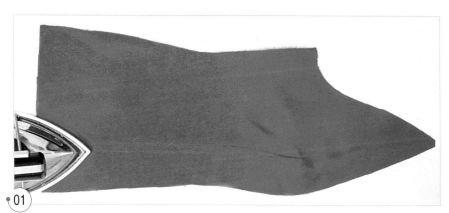

01 앞 안감의 다트는 완성선에서 0.2~0.3cm 시접 쪽을 박고 다트 완성선에서 접어 시접을 옆선 쪽으로 넘긴다.

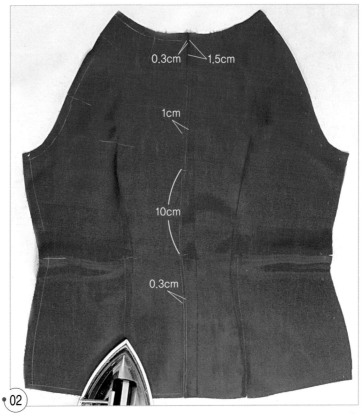

0.3cm ← 1.5cm

1cm

10cm

0.3cm

02

뒤 안감의 뒤 중심의 등 부분은 운동량이 필요하므로 허리선에서 10cm 올라간 곳까지 완성선에서 1cm 시접 쪽을 박고, 그곳에서 밑단까지는 완성선에서 0.3cm 시접 쪽을 박은 다음 시접을 오른쪽으로 넘긴다(입었을 때 왼쪽으로 향하게 됨). 뒤 다트는 앞 다트와 마찬가지로 박고 시접을 중심 쪽으로 넘긴다.

앞 안 소매
(이면)

뒤 안 소매
(이면)

앞 안감
(이면)

뒤 안감
(이면)

03

안감의 앞뒤 소매를 단다.

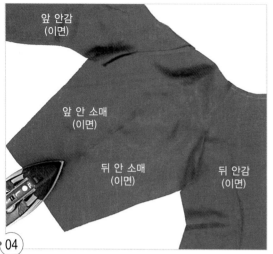

앞 안감
(이면)

앞 안 소매
(이면)

뒤 안 소매
(이면)

뒤 안감
(이면)

04 안감의 소매산 선을 박고 시접을 뒤 소매 쪽으로 넘긴다.

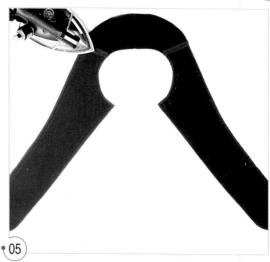

05 안단의 어깨선을 박고 시접을 가른다.

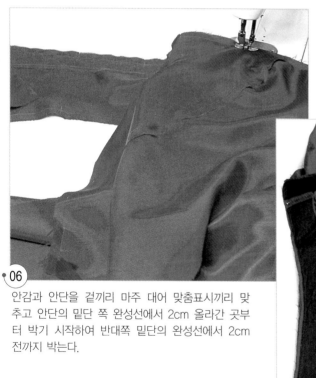

06 안감과 안단을 겉끼리 마주 대어 맞춤표시끼리 맞
추고 안단의 밑단 쪽 완성선에서 2cm 올라간 곳부
터 박기 시작하여 반대쪽 밑단의 완성선에서 2cm
전까지 박는다.

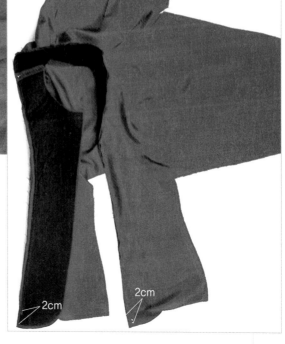

2cm

2cm

8. 겉 몸판과 안단을 연결한다.

01

앞 네크라인의 칼라 달림 끝 위치의 표시끼리 맞추어
핀으로 고정시키고, 앞단 쪽은 겉감의 완성선을 안단의
완성선에서 0.2cm 차이지게 안쪽으로 밀어 맞추고 핀
으로 고정시킨다.

02

겉감의 완성선에 시침질로 고정시킨다.

03

안단이 위쪽으로 오게 하여 안단의 완
성선을 칼라 달림 끝까지 박는다. 이
때 밑단 쪽의 곡선 모양 대로 자른 샌
드 페이퍼를 완성선에 맞추어 얹고 박
으면 곡선을 매끄럽게 박을 수 있다.

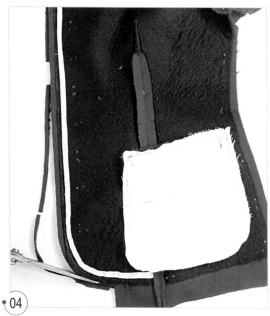

04 앞단의 시접을 0.7cm로 정리한다.

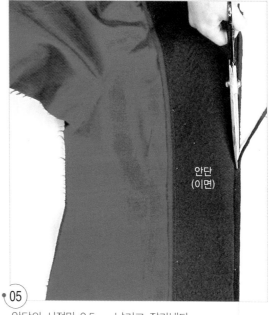

안단
(이면)

05 안단의 시접만 0.5cm 남기고 잘라낸다.

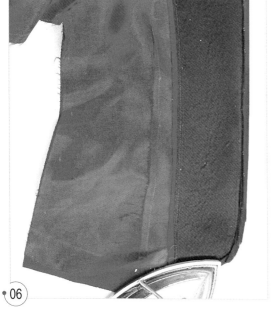

06 시접을 가른다.

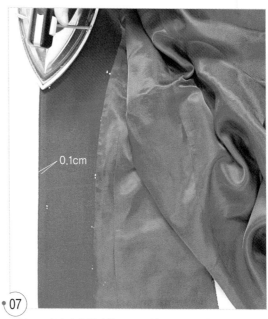

0.1cm

07 겉으로 뒤집어서 안단을 0.1cm 안쪽으로 들여 다림질한다.

9. 겉감의 옆선과 소매 밑 선을 박고 소매단을 정리한다.

01
옆선과 소매 밑 선을 겉끼리 마주 대어 표시끼리 맞추고
옆선에서 소매단 시접까지 한 번에 완성선을 박는다.

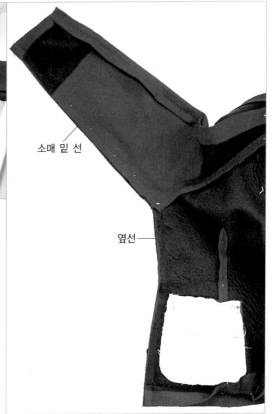

소매 밑 선

옆선

02
옆선의 밑단 쪽 시접을 투박해지지 않도록 좁게 잘라낸다.

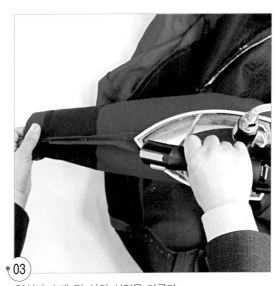

03
옆선과 소매 밑 선의 시접을 가른다.

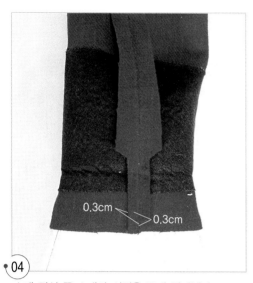

0.3cm ← → 0.3cm

04 소매 밑선 쪽 소매단 시접을 좁게 잘라낸다.

05 소매단을 완성선에서 접는다.

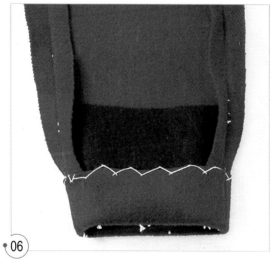

06 소매단 시접을 새발뜨기로 고정시킨다. 이때 겉감에 바늘땀이 나타나지 않도록 접착 심지만을 떠서 고정시 킨다.

10. 안감의 옆선과 소매 밑 선을 박는다.

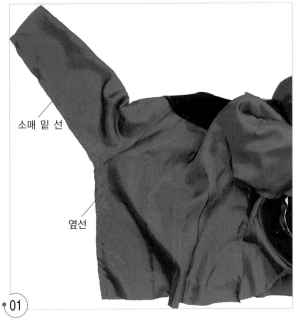

소매 밑 선

옆선

뒤 안감
(이면)

01 겉감과 마찬가지로 겉끼리 마주 대어 표시끼리 맞추고 안감의 옆선과 소매 밑 선을 완성선에서 0.2cm 시접 쪽을 박는다.

02 시접을 완성선에서 접어 뒤판 쪽으로 넘긴다.

11. 어깨 패드를 단다.

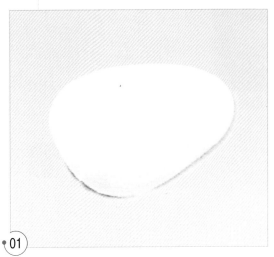

01 래글런용 어깨 패드를 준비한다.

02 시판용 어깨 패드는 어깨선의 표시가 들어가 있으므로 어깨선의 표시를 어깨선의 박은 선과 맞추고 뒤쪽은 뒤 소매산 시접에 손바느질의 반박음질로 고정시킨다.

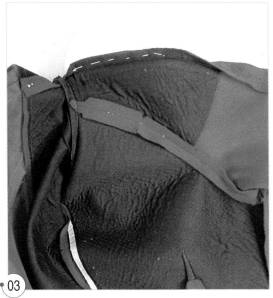

03 앞쪽은 앞 소매산 시접에 손바느질의 반박음질로 고정 시킨다.

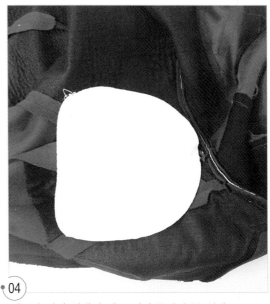

04 패드가 달린 상태의 패드 이면 쪽에서 본 상태.

12. 밑단 선을 처리한다.

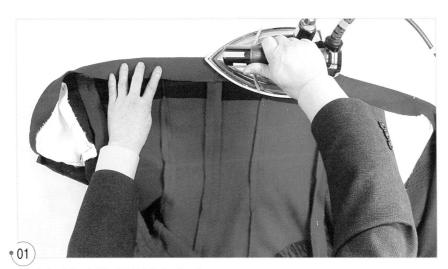

01 겉감의 밑단 시접을 완성선에서 접는다.

02
겉감의 밑단 시접을 새발뜨기로 고정시킨다. 이때 주머니 천과 겹쳐지는 부분은 주머니 천 B에만 시접이 있는 부분은 시접에, 그 외 부분은 접착 심지만을 떠서 고정시켜 겉감에 바늘땀이 나타나지 않도록 한다.

13. 안감의 시접을 처리한다.

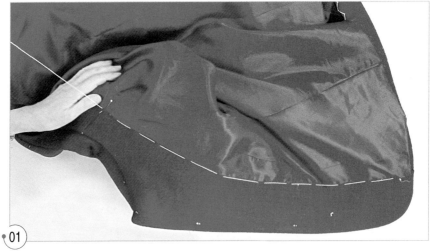

01
안감을 내리고 안단의 박은 선 홈에 겉까지 통하게 어깨선까지 시침질로 고정시킨다.

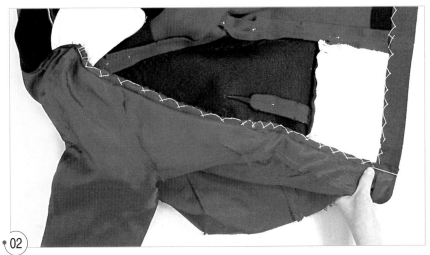

02
안감을 이면 쪽으로 뒤집어서 안단과 안감의 시접을 어깨 패드와 몸판의 접착 심지에 새
발뜨기로 고정시킨다.

03
다시 겉으로 뒤집어서 어깨선을 쓸어내려 안감을 안정
시키고 어깨 패드를 핀으로 고정시킨 다음, 다시 이면
쪽으로 뒤집어서 안감을 어깨 패드에 1cm의 실 루프로
고정시킨다.

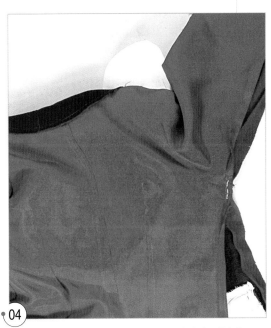

04
겨드랑 밑쪽의 시접을 겉감의 뒤판 시접에 시침질로 고
정시킨다.

14. 칼라를 만들어 단다.

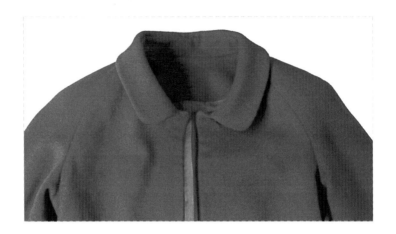

01 위 칼라와 밑 칼라 모두 칼라와 스탠드 밴드를 겉끼리 마주 대어 꺾임 선의 완성선을 박는다.

위 칼라(이면)

꺾임 선에 재봉

밑 칼라(이면)

02 칼라 꺾임 선의 시접을 가른다.

03 밑 칼라의 칼라 앞쪽의 곡선에 늘림 방지용 접착 테이프를 붙이고, 스탠드 밴드에 접착 심지를 붙인다.

늘림 방지용 테이프

밑 칼라(이면)

04 접착 심지를 붙인 스탠드 밴드에 스티치한다.

밑 칼라(이면)

05 위 칼라와 밑 칼라를 겉끼리 마주 대어 칼라 꺾임 선의 박은 선 홈끼리 맞추어 핀으로 고정시킨다.

06 칼라 주위를 시침질로 고정시키고 밑 칼라의 완성선을 박는다.

07 겉으로 뒤집어서 밑 칼라를 0.1cm 안쪽으로 차이지게 하여 시침질로 고정시킨다.

08 0.1cm 차이지게 다림질하여 자리잡아 둔다.

09 밑 칼라가 위쪽으로 오게 하여 꺾임 선에서 위 칼라와 밑 칼라 두 장을 함께 접으면 위 칼라에 여유분이 잡히게 된다. 여유분이 움직이지 않도록 핀으로 고정시킨다.

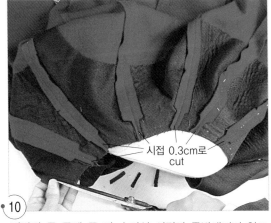

10 겉감의 목 둘레 쪽 각 솔기선 시접이 투박해지지 않도록 시접을 모두 좁게 잘라낸다.

11 칼라 다는 선이 틀어지지 않도록 초크로 완성선을 정확히 표시해 둔다.

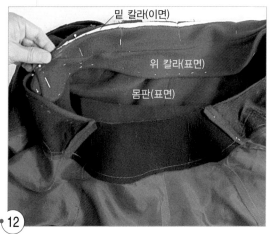

밑 칼라(이면)

위 칼라(표면)

몸판(표면)

12 겉감의 표면과 밑 칼라를 겉끼리 마주 대어 칼라 달림 끝, 뒤 중심, 옆 목점의 표시끼리 맞추어 핀으로 고정시킨다.

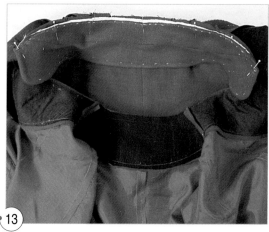

13 짧은 바늘땀의 시침질로 겉감과 밑 칼라만을 고정시킨다.

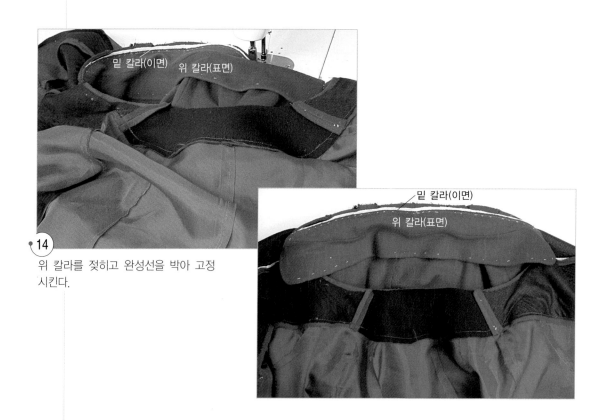

밑 칼라(이면)   위 칼라(표면)

밑 칼라(이면)

위 칼라(표면)

14 위 칼라를 젖히고 완성선을 박아 고정시킨다.

16 위 칼라의 표면 위에 안단의 표면을 마주 대어 표시끼리 맞추고 겉감까지 통하게 시침질로 고정시킨다.

15 시접을 고르게 정리한다.

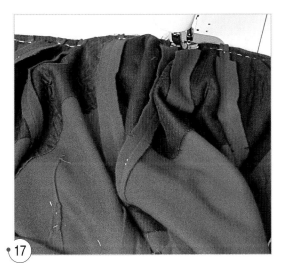

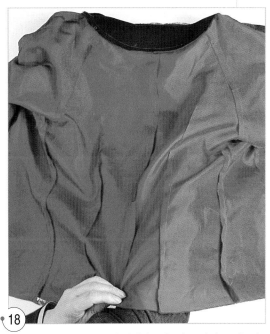

17 겉감까지 통하게 완성선을 박는다.

18 밑단 쪽에서 겉감과 안감 사이에 손을 넣고 칼라를 잡는다.

래글런 소매 재킷 ● Raglan Sleeve Jacket ▌143

19 칼라를 당겨 겉으로 뒤집는다.

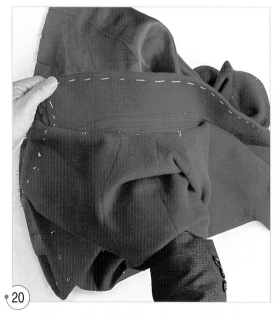

20 소매 쪽으로 손을 넣어 안감과 함께 소매단을 잡는다.

21 소매를 당겨 겉으로 뒤집는다.

22 칼라를 박은 선의 시접이 납작해지도록 안단 쪽을 다림 질한다.

15. 소매 입구와 밑단 선의 안감을 처리한다.

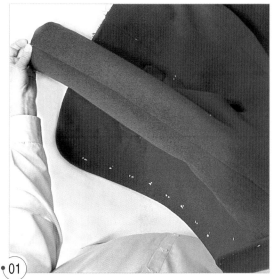

01
안쪽으로 어깨선 쪽에 손을 넣고 겉 소매와 안 소매가 당겨지지 않고 편안한 상태로 당겨 소매단을 확인한다.

02
당겨지는 부분이 없나 확인하였으면 소매단 쪽에 핀으로 고정시킨다.

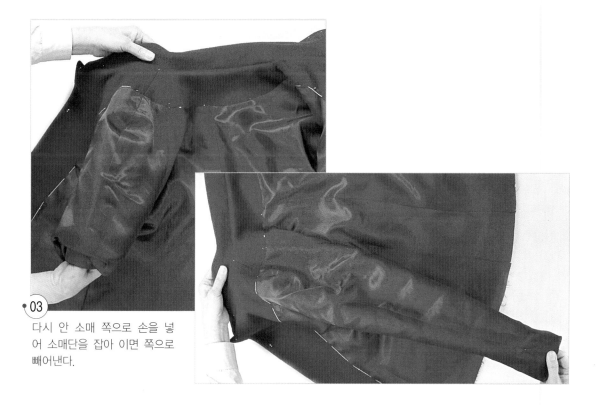

03
다시 안 소매 쪽으로 손을 넣어 소매단을 잡아 이면 쪽으로 빼어낸다.

04

겉감의 소매단에서 1.5cm 차이지게 안감의 소매단을 접어 넣고 안 소매의 단 끝에서 1cm 올라간 곳에 시침질로 고정시킨다.

05

안 소매단을 겉 소매단의 시접에 촘촘한 감침질로 고정 시키고 시침실을 빼낸다.

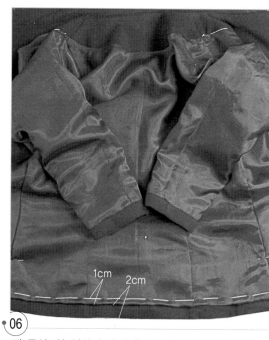

06

뒤 중심, 양 옆선이 당겨지는 곳이 없나 확인하여 약간 여유분을 넣고 핀으로 고정시킨 다음, 겉감의 밑단 선에 서 2cm 차이지게 안감의 밑단 선을 접어 넣고 안감의 밑단 선에서 1cm 올라간 곳에 시침질로 고정시킨다.

07 안감의 밑단 선의 접은 선에서 1/2 분량을 차이지게 손
가락으로 밀어 속감치기로 고정시킨다.

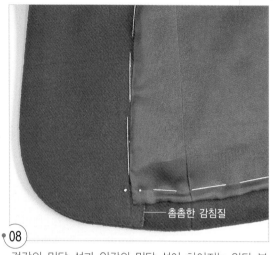

촘촘한 감침질

08 겉감의 밑단 선과 안감의 밑단 선이 차이지는 안단 부
분을 겉감의 시접에 촘촘한 감침질로 고정시킨다.

16. 단춧구멍을 만들고 마무리 다림질을 한다.

01 앞 오른쪽의 단춧구멍 위치에 단춧구멍을 만든다(p.206의 01~p.207의 03 참조).

02 소매를 단 선 아래쪽의 편편한 부분은 편편한 다리미 판 위에 올려놓고 겉쪽에서 다림질 천을 얹고 스팀 다림질한다.

☞ 여기서 사용한 다림질 천은 모심지와 옥양목을 겹쳐서 두 장 함께 테두리를 오버록 재봉하여 만든 것이다. 모심지 쪽이 옷감에 닿도록 하면 천을 상하지 않게 하며 다림 질이 잘 된다.

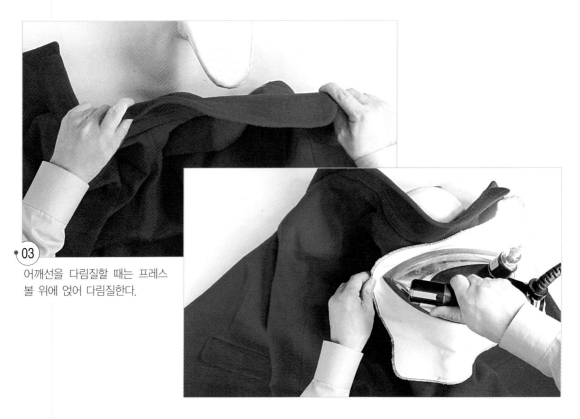

03 어깨선을 다림질할 때는 프레스 볼 위에 얹어 다림질한다.

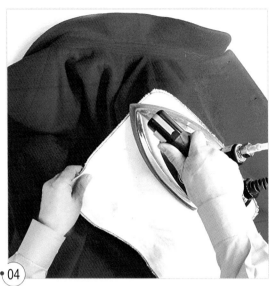

04 소매를 다림질할 때는 프레스 볼에 끼워서 다림질한다.

05 밑 칼라 쪽에서 칼라를 다림질한다.

17. 단추를 달아 완성한다.

01 완성.

■■■ J.A.C.K.E.T 04

실루엣 ●●● 앞 허리 다트와 앞뒤 패널라인을 넣어 허리를 피트시킨 실루엣과 스탠드 칼라가 잘 조화된 차이니즈 풍의 두 장 소매 롱 재킷.

포인트 ●●● 허리 다트와 패널라인 가슴 웰트 포켓 / 플랩 포켓 / 스탠드 칼라 / 두 장 소매 만드는 법, 전체 안감 넣는 법을 배운다.

제도법 ...

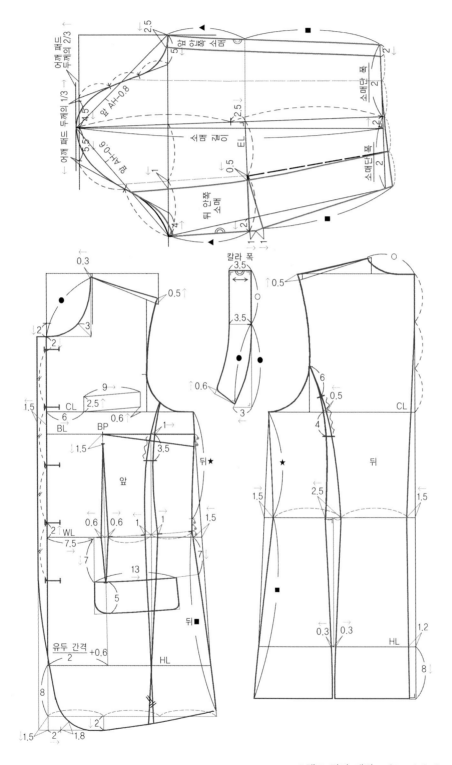

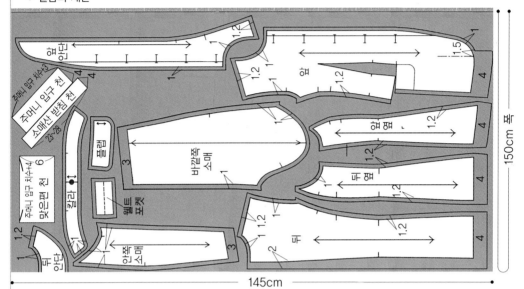

재단법 ...

● 겉감의 재단

(패턴 라벨)
- 뒤 옆단
- 앞
- 주머니 입구 치수+3
- 주머니 입구 천
- 주머니 입구 반침 천
- 소매산 반침 천 23~28
- 주머니 입구 치수+4 6 맞은편 천
- 뒤 안단
- 칼라
- 플랩
- 웰트 포켓
- 바깥쪽 소매
- 안쪽 소매
- 앞 옆
- 뒤 옆
- 뒤
- 145cm
- 150cm 폭

● 안감의 재단

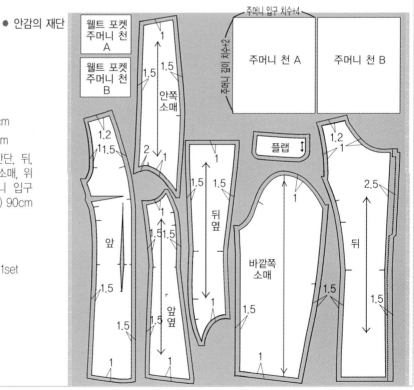

- 웰트 포켓 주머니 천 A
- 웰트 포켓 주머니 천 B
- 안쪽 소매
- 주머니 입구 치수+4
- 주머니 길이 치수+2
- 주머니 천 A
- 주머니 천 B
- 앞
- 앞 옆
- 뒤 옆
- 플랩
- 바깥쪽 소매
- 뒤
- 90cm 폭(2장 겹침)
- 100cm

재료

- 겉감 : 150cm 폭 145cm
- 안감 : 90cm 폭 200cm
- 접착 심지(앞판, 앞 안단, 뒤, 뒤 안단, 앞 소매, 뒤 소매, 위 칼라, 밑 칼라, 주머니 입구 천, 겉 플랩, 웰트 포켓) 90cm 폭 70cm
- 단추 : 직경 2cm 5개
  직경 1.2cm 4개
- 어깨 패드 : 어깨 패드 1set

봉제법 ● ● ●

1. 표시를 한다.

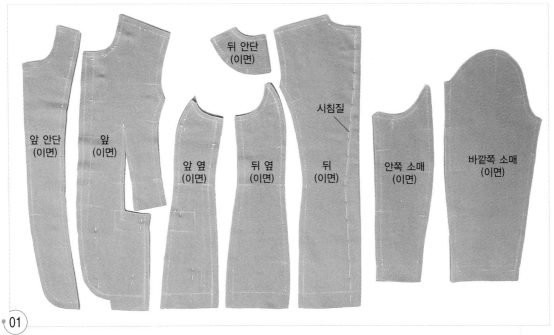

뒤 안단
(이면)

시침질

앞 안단
(이면)

앞
(이면)

앞 옆
(이면)

뒤 옆
(이면)

뒤
(이면)

안쪽 소매
(이면)

바깥쪽 소매
(이면)

01

겉감의 완성선에 실표뜨기로 표시하고, 뒤 중심선은 완성선에서 0.1cm 안쪽에 시침질로 고정시킨다.
주 각 맞춤표시는 바늘 방향을 옆으로 빼내어 표시한다.

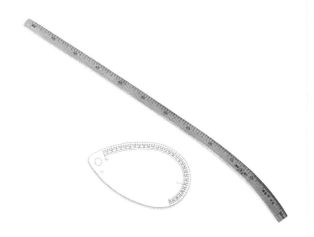

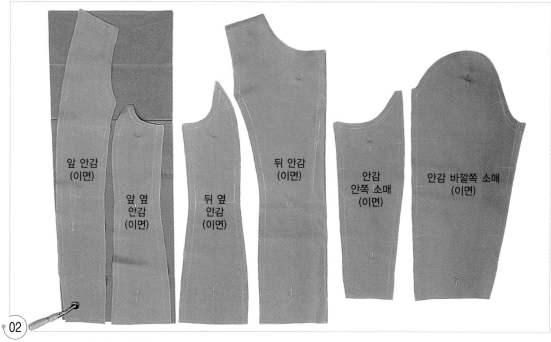

02 초크 페이퍼 위에 얹어 안감의 완성선을 룰렛이나 송곳으로 눌러 표시한다.

2. 접착 심지를 붙인다.

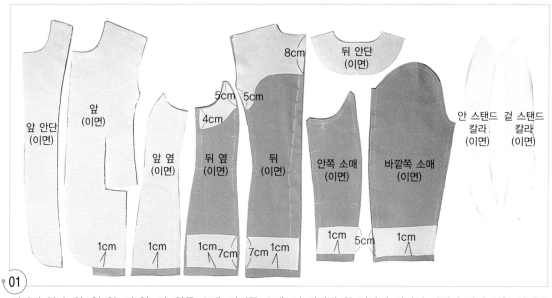

01 겉감의 안단, 앞, 앞 옆, 뒤 옆, 뒤, 안쪽 소매, 바깥쪽 소매, 겉 칼라와 안 칼라의 이면에 사진과 같이 접착 심지를 붙인다.

3. 앞 허리 다트와
패널라인을 박는다.

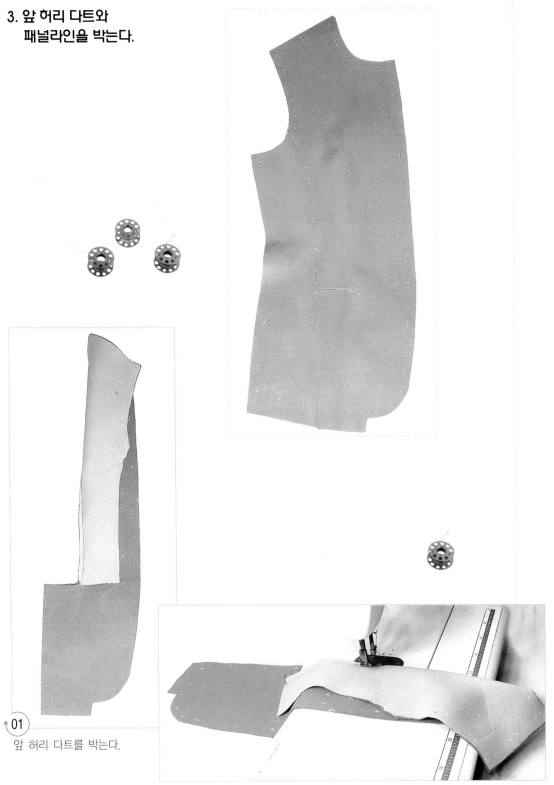

01
앞 허리 다트를 박는다.

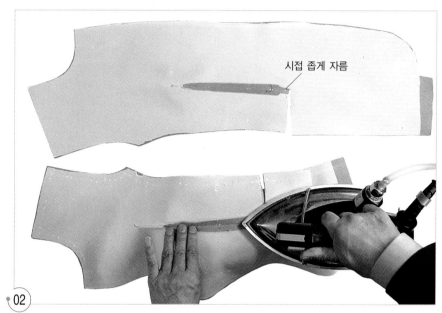

시접 좁게 자름

02

시접을 가른다.

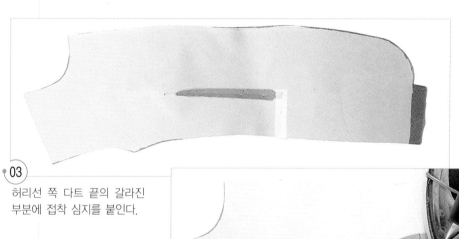

03

허리선 쪽 다트 끝의 갈라진
부분에 접착 심지를 붙인다.

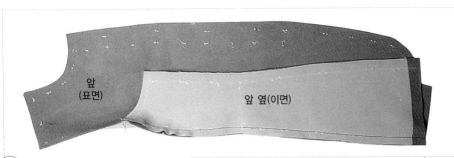

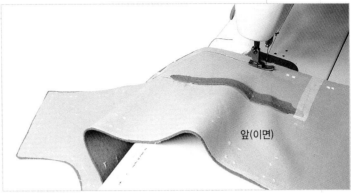

04
앞 패널라인을 박는다. 이때 곡선이 오목한 쪽인 앞판이 위로 오게 하여 박도록 한다.

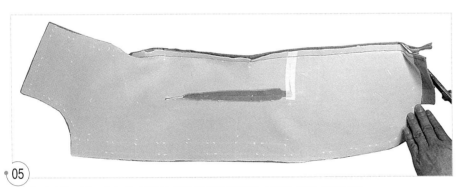

05
패널 라인을 박은 밑단 쪽 시접이 투박해지지 않도록 시접을 좁게 잘라낸다.

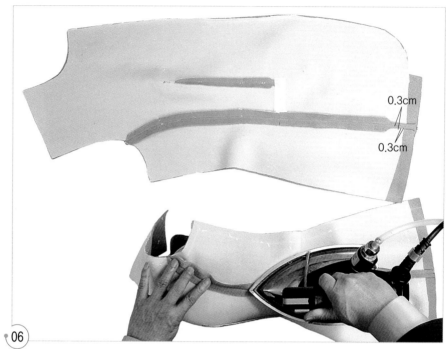

06
다리미로 시접을 가른다. 이때 곡선이 강한 부분은 프레스 볼의 둥그런 부분을 이용하여 시
접을 가른다.

4. 앞 왼쪽 가슴에 웰트 포켓을 만든다.

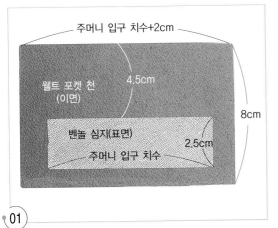

01

가로 주머니 입구 치수+2cm, 세로 8cm의 웰트 포켓 천을 재단하여 웰트 포켓 천의 이면에 가로 주머니 입구 치수, 세로 2.5cm의 벤놀 심지를 붙인다.
🈺 벤놀 심지가 없으면 접착 심지를 붙인다.

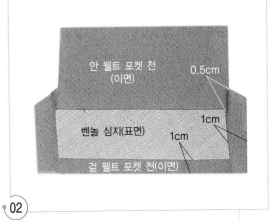

02

안 웰트 포켓 부분의 시접을 정리한다.

03

겉 웰트 포켓의 양옆 시접을 접는다.

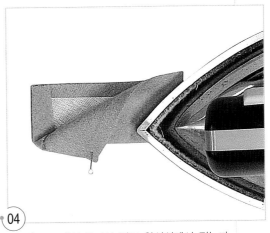

04

겉 웰트 포켓의 주머니 입구 완성선에서 접는다.

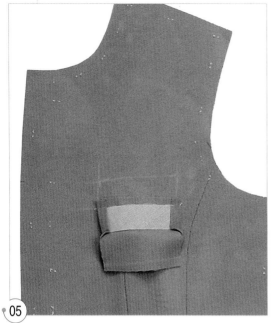

05

앞 왼쪽 가슴의 표면에 웰트 포켓 모양을 분필 초크로 그려 표시하고, 웰트 포켓 천의 표면을 마주 대어 웰트 포켓 아래쪽 표시에 맞추어 시침질로 고정시킨다.

06

완성선을 박아 고정시킨다.

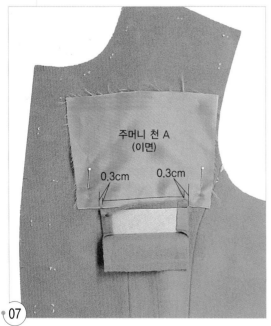

07

주머니 천 A의 이면이 위쪽으로 오게 하여 웰트 포켓 천을 박은 시접 밑쪽으로 넣어 핀으로 고정시키고, 웰트 포켓 양옆 완성선에서 0.3cm 안쪽까지 표시한다.

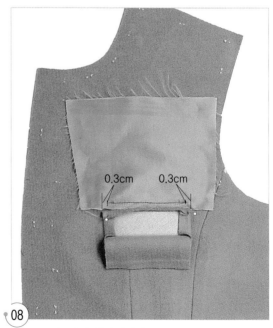

08

웰트 포켓 양옆 완성선에서 0.3cm 안쪽까지만 박아 고정시킨다.

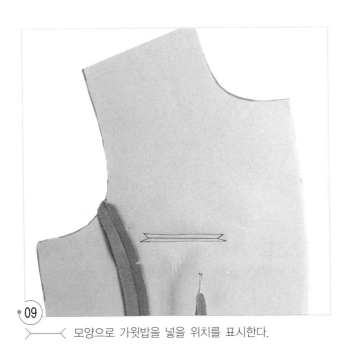

09 >──< 모양으로 가윗밥을 넣을 위치를 표시한다.

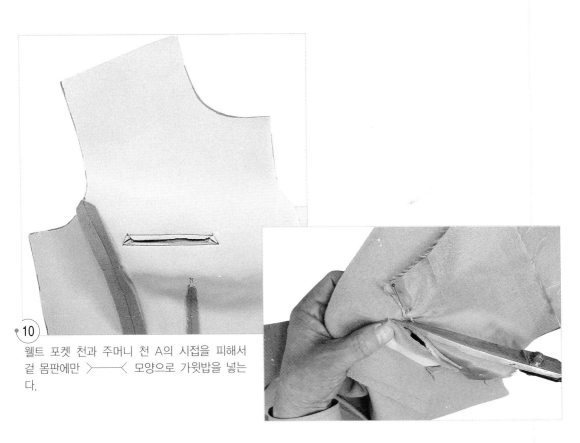

10 웰트 포켓 천과 주머니 천 A의 시접을 피해서
겉 몸판에만 >──< 모양으로 가윗밥을 넣는
다.

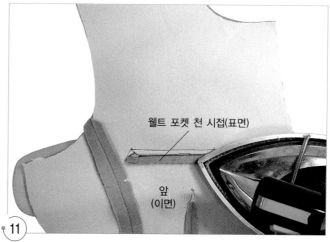

웰트 포켓 천 시접(표면)

앞
(이면)

⑪ 웰트 포켓 천의 시접을 이면 쪽으로 빼내어 시접을 접는다.

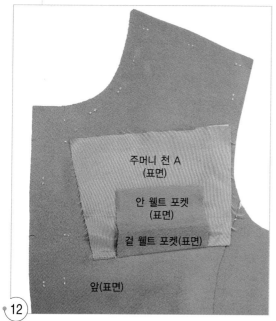

주머니 천 A
(표면)

안 웰트 포켓
(표면)

겉 웰트 포켓(표면)

앞(표면)

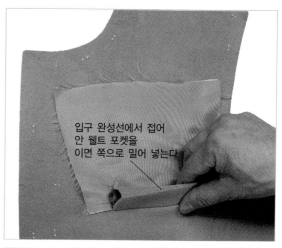

입구 완성선에서 접어
안 웰트 포켓을
이면 쪽으로 밀어 넣는다

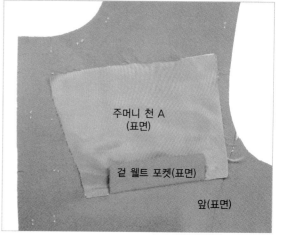

주머니 천 A
(표면)

겉 웰트 포켓(표면)

앞(표면)

⑫ 웰트 포켓 입구 완성선에서 접어 안 웰트 포켓 천의 시
접을 이면 쪽으로 넘긴다.

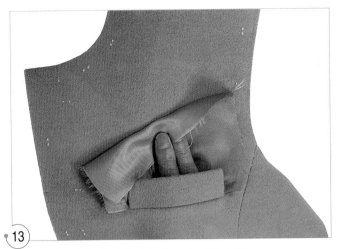

13

이면 쪽에서 손을 넣어 주머니 천 A를 끄집어낸다.

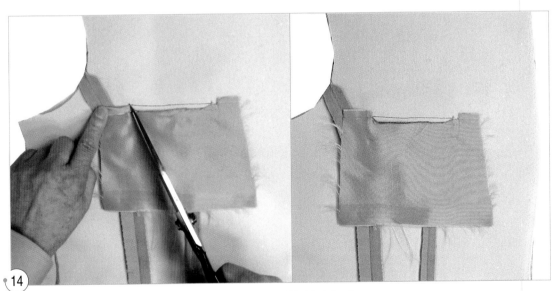

14

주머니 천 A의 시접에 웰트 포켓 양옆 완성선 위치에서 가윗밥을 넣는다.

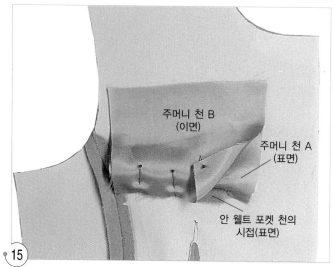

주머니 천 B
(이면)

주머니 천 A
(표면)

안 웰트 포켓 천의
시접(표면)

15 주머니 천 A를 위쪽으로 넘기고 주머니 천 B의 표면을 마주 대어
얹고 안 웰트 포켓 천의 시접 끝과 맞추어 핀으로 고정시킨다.

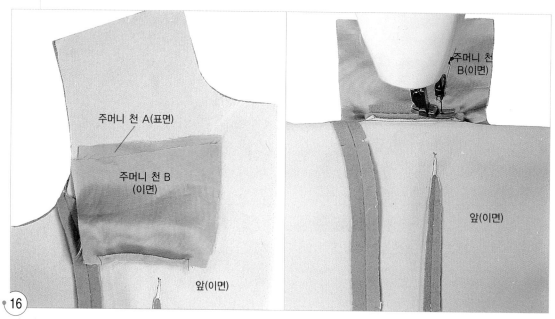

주머니 천 A(표면)

주머니 천 B
(이면)

앞(이면)

주머니 천
B(이면)

앞(이면)

16 안 웰트 포켓 천과 주머니 천 B만을 박아 고정시킨다.

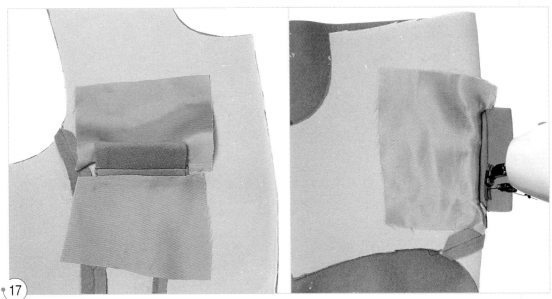

17 겉 웰트 포켓의 박은 선 홈에 겉쪽에서 스티치하여 안쪽 웰트 포켓을 고정시킨다.

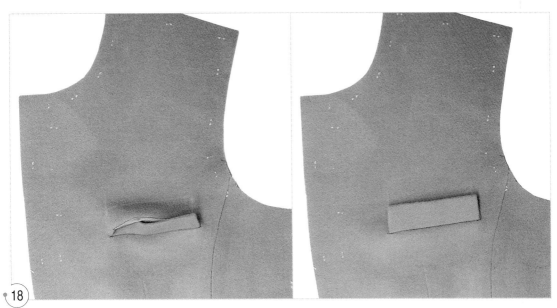

18 겉쪽으로 웰트 포켓을 끄집어낸다.

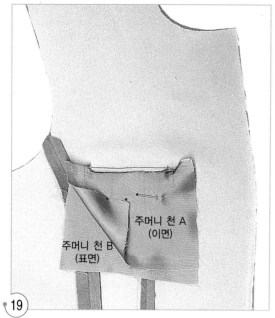

주머니 천 A
(이면)

주머니 천 B
(표면)

19 주머니 천 A와 B를 맞추어 핀으로 고정시킨다.

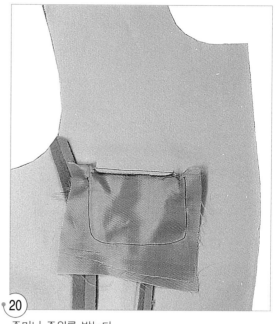

20 주머니 주위를 박는다.

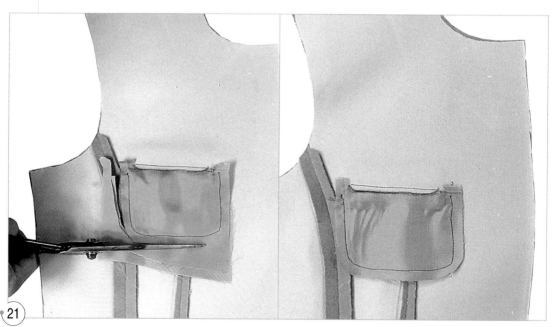

21 주머니 주위의 시접을 1cm 남기고 정리한다.

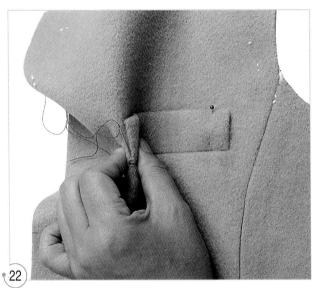

22

웰트 포켓의 양옆을 0.1cm 안쪽에 속감치기로 고정시킨다.

5. 플랩 포켓을 만든다.

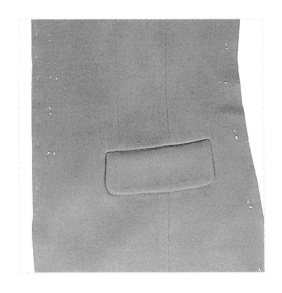

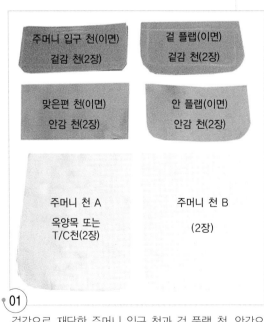

주머니 입구 천(이면) 겉감 천(2장)	겉 플랩(이면) 겉감 천(2장)
맞은편 천(이면) 안감 천(2장)	안 플랩(이면) 안감 천(2장)
주머니 천 A 옥양목 또는 T/C천(2장)	주머니 천 B (2장)

01

겉감으로 재단한 주머니 입구 천과 겉 플랩 천, 안감으로 재단한 주머니 입구 맞은편 천과 안 플랩 천, 얇은 옥양목 또는 T/C 천으로 재단한 주머니 천 A와 B를 준비한다.

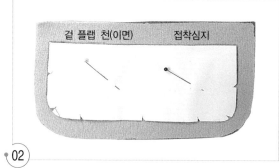
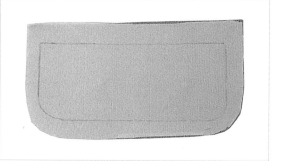

02

겉 플랩 천의 이면에 접착 심지를 붙이고 플랩 패턴을 얹어 핀으로 고정시키고 완성선을 표시한다.

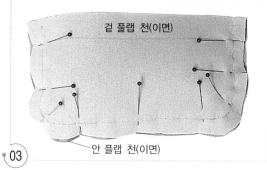
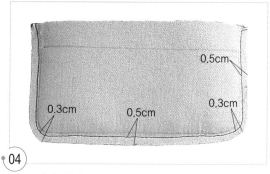

03

안 플랩 천과 겉끼리 마주 대어 겉 플랩 천을 0.2~0.4cm(천의 두께 분)를 안쪽으로 밀어 핀으로 고정시키고 겉 플랩의 완성선을 시침질로 고정시킨다.

04

겉 플랩의 완성선에서 0.2~0.4cm(천의 두께 분) 시접쪽을 박고 시접을 0.5cm로 정리한다. 이때 플랩 아래쪽의 곡선 부분은 0.3cm 정도로 정리한다.

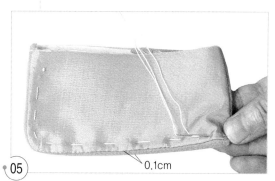

05

겉으로 뒤집어서 안 플랩을 0.1cm 안쪽으로 차이지게 밀어 시침질로 고정시킨다.

06

안 플랩 쪽에서 다림질하여 모양을 자리잡아 준다.

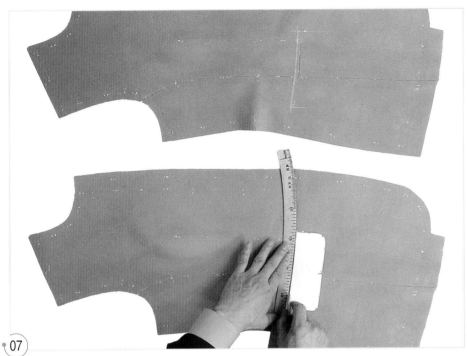

07
좌우 겉감의 주머니 위치에 플랩 패턴을 얹어 맞추고 완성선을 분필 초크로 표시한다.

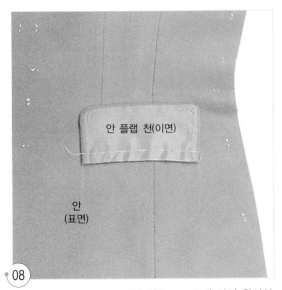

안 플랩 천(이면)

안
(표면)

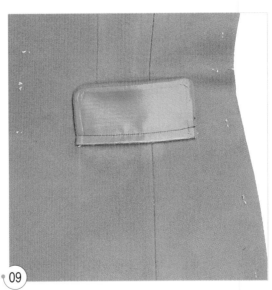

08
앞에서 만든 플랩의 이면이 위쪽으로 오게 하여 완성선
에 맞추어 시침질로 고정시킨다.

09
완성선을 박아 고정시킨다.

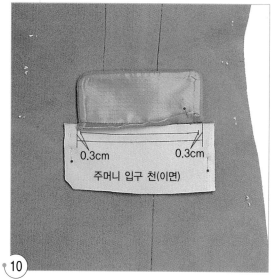

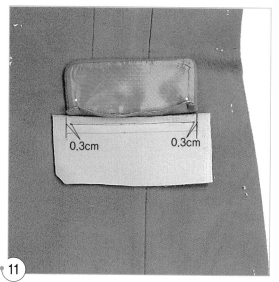

10

주머니 입구 천의 이면이 위쪽으로 오게 하여 플랩의 시접 밑쪽 밑 주머니 입구 완성선에서 맞추어 핀으로 고정시키고, 플랩의 양옆 완성선에 맞추어 주머니 입구 천에 표시하고, 그곳에서 0.3cm씩 안쪽에 표시한다.

11

0.3cm 안쪽에 표시한 곳까지만 박는다.

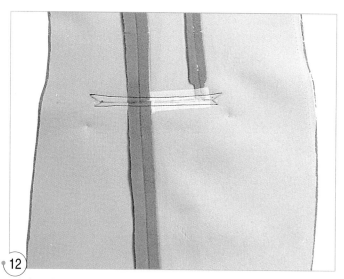

12

이면 쪽에서 가윗밥을 넣을 위치를 표시한다.

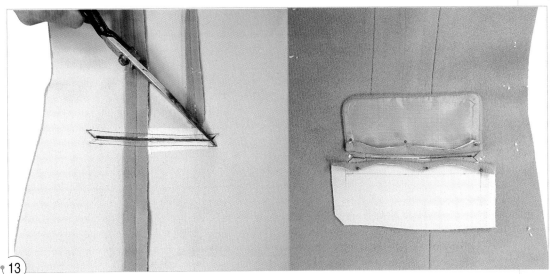

13 플랩 천의 시접과 주머니 입구 천의 시접을 피해서 겉감에만 ≫──< 모양으로 가윗밥을 넣는다.

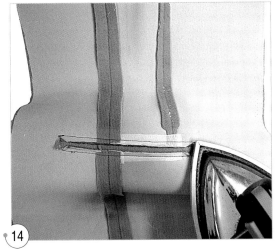

14 삼각 천을 접는다.

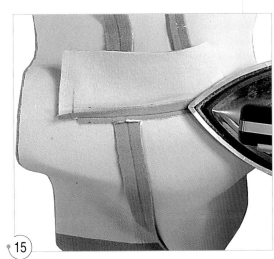

15 주머니 입구 천을 이면 쪽으로 끄집어내어 시접을 가른다.

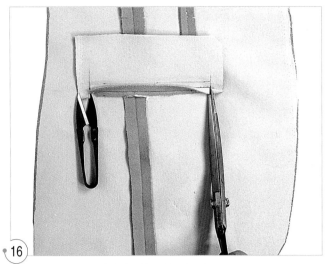

(16) 주머니 입구 천의 시접에 가윗밥을 넣는다.

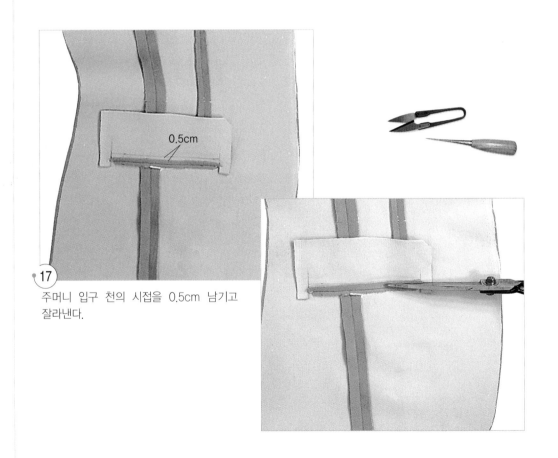

(17) 주머니 입구 천의 시접을 0.5cm 남기고
잘라낸다.

0.5cm

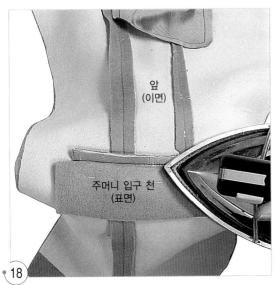

18 주머니 입구 천을 플랩의 완성선에 맞추어 접고 다림질 한다.

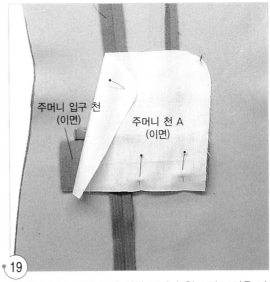

19 주머니 입구 천의 표면 위에 주머니 천 A의 표면을 마주 대어 시접 끝에서 맞추고 핀으로 고정시킨다.

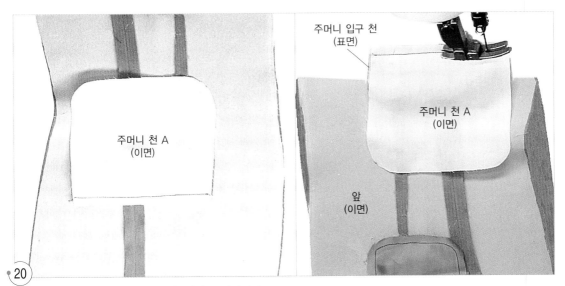

20 주머니 입구 천과 주머니 천 A만을 박아 고정시킨다.

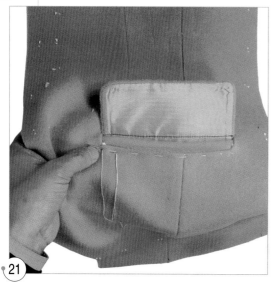

21

겉쪽에서 주머니 입구 천의 박은 선 바로 밑에 시침질로 고정시킨다.

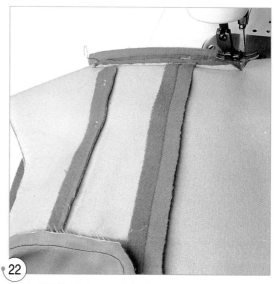

22

몸판 위쪽을 젖히고 주머니 입구 천을 박아 고정시킨다.

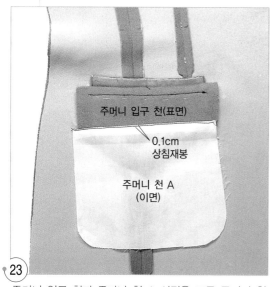

주머니 입구 천(표면)

0.1cm
상침재봉

주머니 천 A
(이면)

23

주머니 입구 천과 주머니 천 A 시접을 모두 주머니 천 A 쪽으로 넘기고 0.1cm에 주머니 입구 천과 주머니 천 A만을 상침재봉으로 고정시킨다.

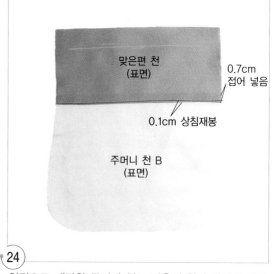

맞은편 천
(표면)

0.7cm
접어 넣음

0.1cm 상침재봉

주머니 천 B
(표면)

24

안감으로 재단한 주머니 입구 맞은편 천의 아래쪽 시접을 0.7cm 접은 다음 주머니 천 B의 표면 위에 얹어 0.1cm에 상침재봉으로 고정시킨다.

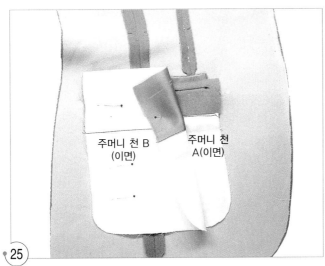

25 주머니 천 A의 표면 위에 주머니 천 B의 표면을 마주 대어 주머니 아래쪽을 맞추고 핀으로 고정시킨다.

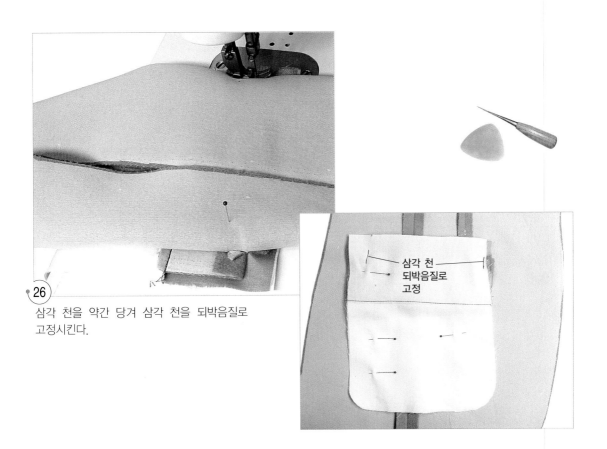

26 삼각 천을 약간 당겨 삼각 천을 되박음질로 고정시킨다.

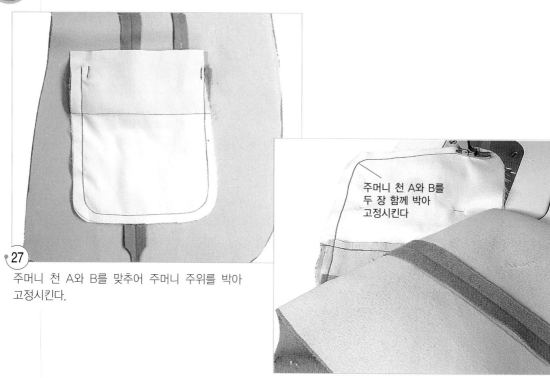

주머니 천 A와 B를
두 장 함께 박아
고정시킨다

주머니 천 A와 B를 맞추어 주머니 주위를 박아
고정시킨다.

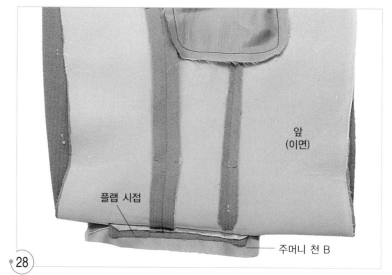

앞
(이면)

플랩 시접

주머니 천 B

플랩의 박은 선에 맞추어 주머니 천 B까지 통하게 시침질로 고정시킨다.

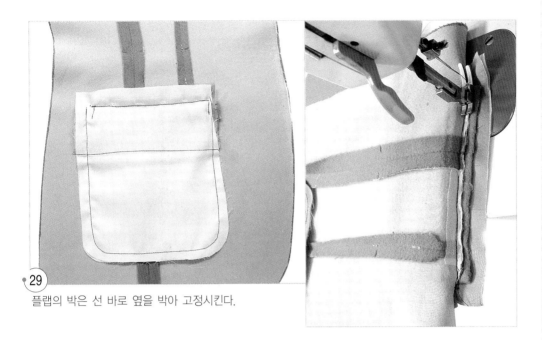

29
플랩의 박은 선 바로 옆을 박아 고정시킨다.

6. 뒤 중심과 뒤 패널라인을 박는다.

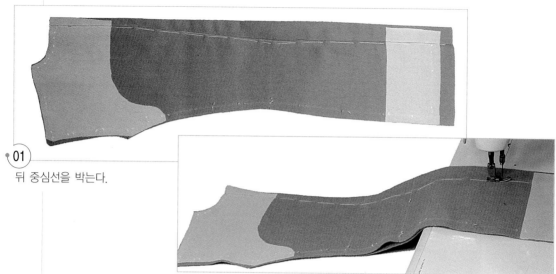

01 뒤 중심선을 박는다.

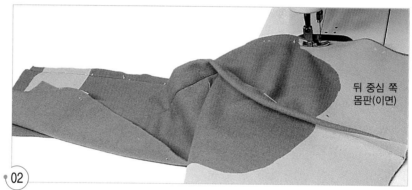

뒤 중심 쪽
몸판(이면)

02 뒤 패널라인을 박는다. 이때 곡선이 오목한 쪽인 뒤판이 위로 오게 하여 박도록 한다.

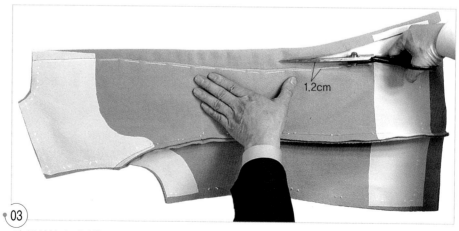

1.2cm

03 뒤 중심선의 시접을 1.2cm로 정리한다.

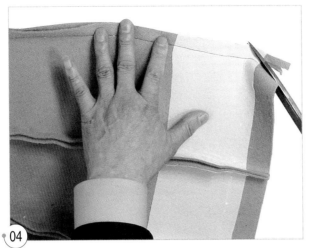

04 뒤 중심과 패널라인의 밑단 쪽 시접이 투박해지지 않도록 시
접을 좁게 잘라낸다.

0.3cm 0.3cm 남기고 자름

05 다리미로 시접을 가른다. 이때 직선 부분은 편편한 다리미 판 위에서 시접을 가르고, 곡선이 강한 부분은 프레스
볼의 둥그런 부분을 이용하여 시접을 가른다.

06
밑단의 완성선에서 접어 가볍게 다림질해 둔다.

7. 앞단에 접착 테이프를 붙인다.

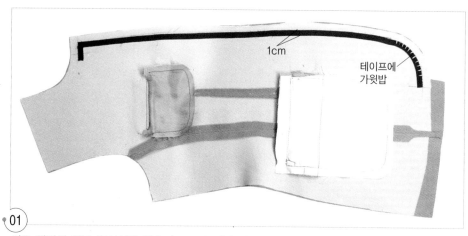

1cm

테이프에
가윗밥

01
좌우 앞판의 앞단 완성선에 맞추어 1cm 폭의 늘림 방지용 접착 테이프를 붙인다. 이때 곡선 부분에는 테이프에 가윗밥을 넣어 붙이면 겹쳐지는 부분이 생기지 않는다.

8. 어깨선을 박는다.

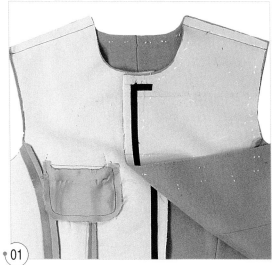

01 앞뒤 몸판을 겉끼리 마주 대어 어깨선의 표시끼리 맞추고 어깨선을 박는다.

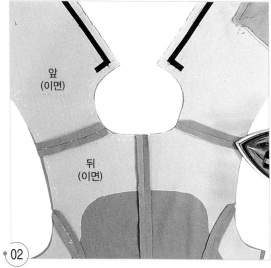

02 시접을 가른다. 이때 다리미를 앞판 쪽으로 돌아가도록 가르는 것이 좋다.

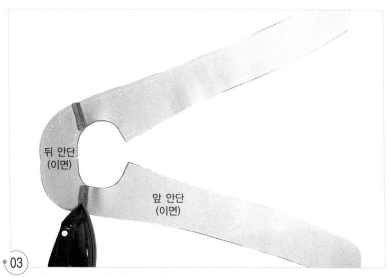

03 앞뒤 안단의 어깨선을 박고 시접을 가른다.

9. 앞단을 박는다.

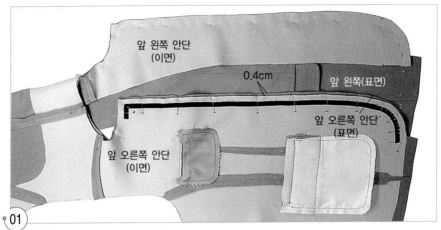

01

겉 몸판과 안단을 겉끼리 마주 대어 칼라 달림 끝 표시부터 맞추어 핀으로 고정시키고, 겉 몸판 쪽의 앞단을 안단에서 0.4cm(천의 두께 분) 안쪽으로 차이지게 밀어 핀으로 고정시 킨 다음, 겉 몸판의 앞단 완성선에 시침질로 고정시킨다.

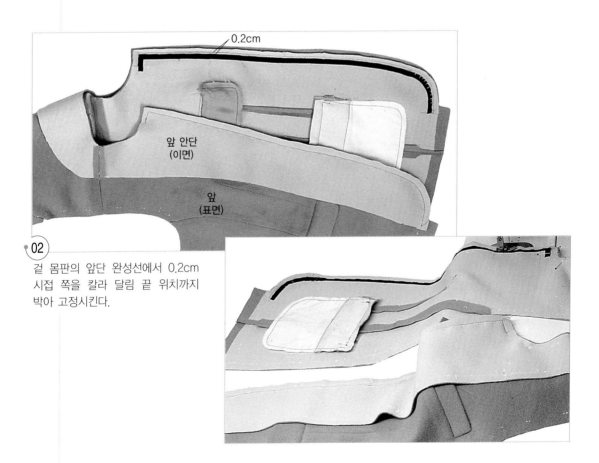

02

겉 몸판의 앞단 완성선에서 0.2cm 시접 쪽을 칼라 달림 끝 위치까지 박아 고정시킨다.

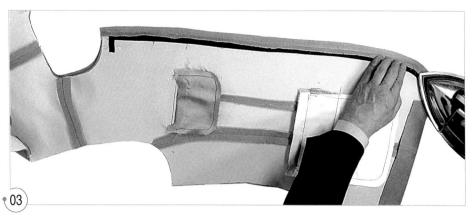

03
시접을 가른다.

안단 시접

0.3cm

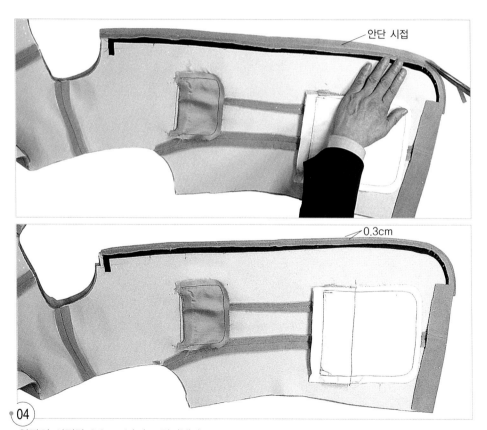

04
안단의 시접만 0.3cm 남기고 잘라낸다.

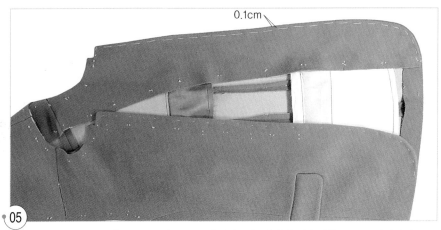

05 겉으로 뒤집어서 안단을 0.1cm 안쪽으로 차이지도록 밀면서 어슷시침으로 고정시킨다.

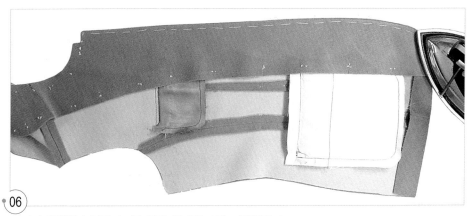

06 앞단의 완성선이 안정되도록 안단 쪽에서 스팀 다림질한다.

10. 칼라를 만든다.

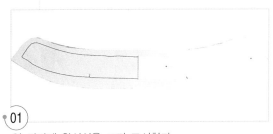

01 안 칼라에 완성선을 그려 표시한다.

02 겉 칼라와 안 칼라를 겉끼리 마주 대어 맞추고 핀으로 고정시킨다.

03 겉 칼라와 안 칼라의 시접을 0.7cm 남기고 두 장 함께 잘라 시접이 똑같아지도록 한다.

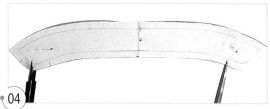

04 칼라 끝의 곡선 모양이 매끄럽게 만들어지도록 두 장 함께 시접에 약간의 가윗밥을 넣어 표시한다.

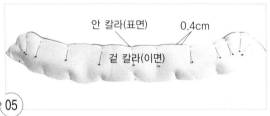

안 칼라(표면)   0.4cm

겉 칼라(이면)

05 겉 칼라에 여유분이 생기도록 겉 칼라를 안 칼라의 시접 끝에서 안쪽으로 0.4cm 차이지게 밀어 핀으로 고정시킨다. 이때 가윗밥을 넣은 위치가 틀어지지 않도록 같은 위치에서 안쪽으로 밀어야 한다.

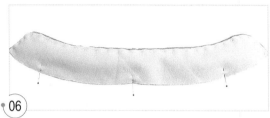

06 시침질로 고정시킨다.

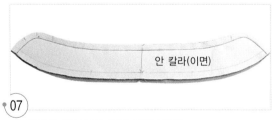

안 칼라(이면)

07 안 칼라의 완성선을 박아 고정시킨다.

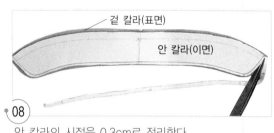

겉 칼라(표면)

안 칼라(이면)

08 안 칼라의 시접을 0.3cm로 정리한다.

09 시접을 가른다.

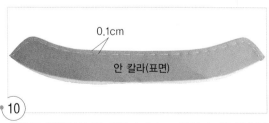

0.1cm

안 칼라(표면)

10 겉으로 뒤집어서 안 칼라가 0.1cm 차이지도록 맞추면서 시침질로 고정시킨다.

11 안 칼라 쪽에서 스팀 다림질한다.

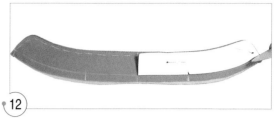

12 패턴을 맞추어 얹고 칼라 다는 선의 완성선을 분필 초 크로 표시한다.

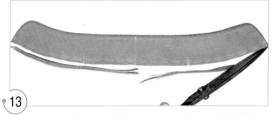

13 시침질로 고정시키고 시접을 0.7cm 남기고 잘라낸다.

14 칼라 완성.

11. 칼라를 단다.

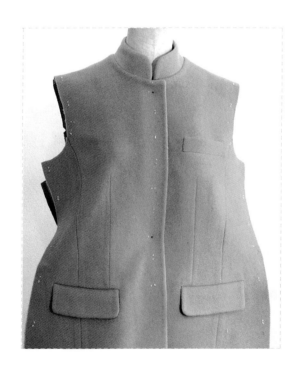

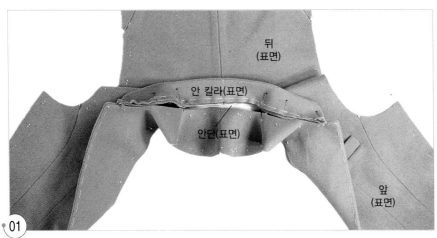

뒤
(표면)

안 칼라(표면)

안단(표면)

앞
(표면)

01 몸판의 표면과 겉 칼라를 마주 대어 먼저 뒤 중심, 옆 목점, 칼라 달림 끝 표시끼리 맞추어 핀으로 고정시키고 중간 부분에도 핀으로 고정시킨 다음, 촘촘한 시침질고 고정시킨다.

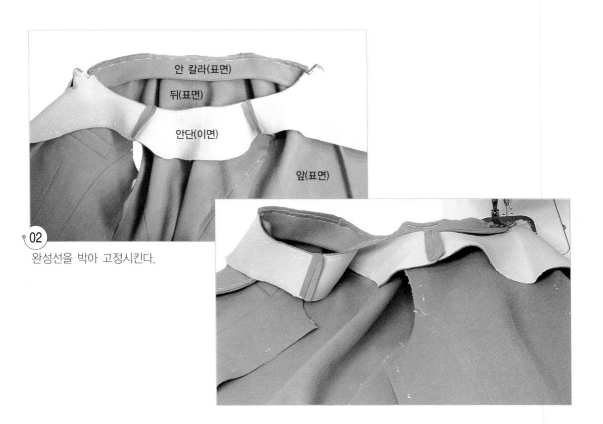

안 칼라(표면)

뒤(표면)

안단(이면)

앞(표면)

02 완성선을 박아 고정시킨다.

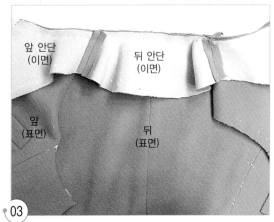

앞 안단
(이면)

뒤 안단
(이면)

앞
(표면)

뒤
(표면)

03 안단의 표면을 겹쳐 얹어 시침질로 고정시킨다.

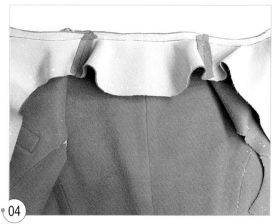

04 완성선을 박아 고정시킨다.

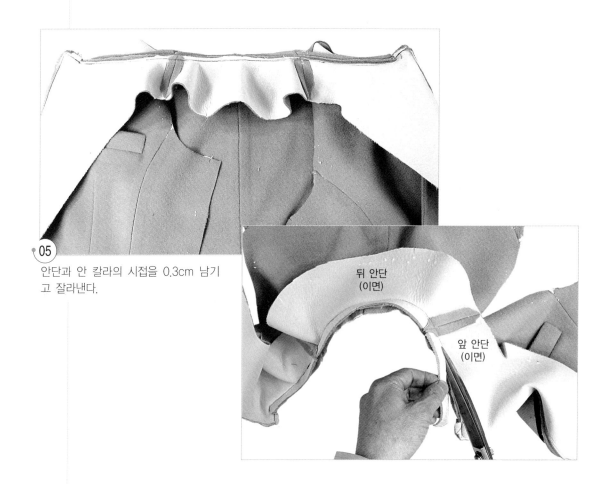

05 안단과 안 칼라의 시접을 0.3cm 남기고 잘라낸다.

뒤 안단
(이면)

앞 안단
(이면)

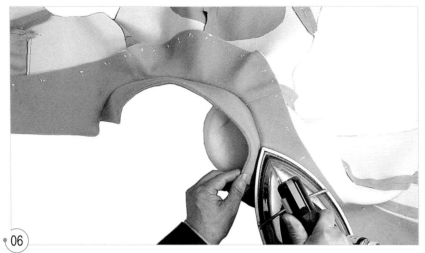

06 겉으로 뒤집어서 안단 쪽에서 다림질한다.

12. 안감의 몸판을 박는다.

01 안감의 허리 다트와 가슴 다트를 박는다.

02 안감의 패널라인을 박는다. 이때 직선 부분은 완성선에서 0.2cm 시접 쪽을 박고 곡선 부분은 완성선을 박는다.

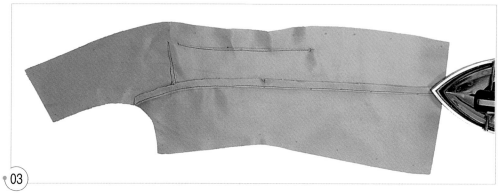

03

시접을 완성선에서 접어 옆선 쪽으로 넘긴다.

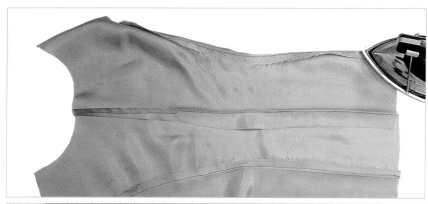

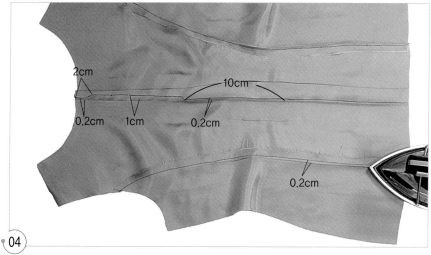

04

안감의 뒤 중심선과 패널라인을 박고 뒤 중심 시접은 왼쪽으로, 패널라인 시접은 뒤 중심 쪽으로 넘긴다. 이때 뒷목점에서 1cm 정도는 완성선에서 0.2cm 시접 쪽을 박고 허리선에서 10cm 올라간 곳까지는 완성선에서 1cm 시접 쪽을, 남은 부분은 완성선에서 0.2cm 시접 쪽을 박는다. 패널라인은 앞판과 마찬가지로 직선 부분은 완성선에서 0.2cm 시접 쪽을 박고 곡선 부분은 완성선을 박는다.

05 앞뒤 판을 겉끼리 마주 대어 어깨선을 박고 시접을 뒤판 쪽으로 넘긴다.

13. 안단과 안감 몸판을 연결한다.

01 안단과 안감 몸판을 겉끼리 마주 대어 표시끼리 맞추어 핀으로 고정시킨다.

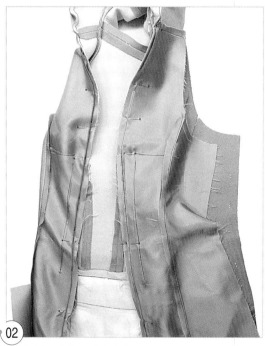

02 완성선을 박아 고정시킨다.

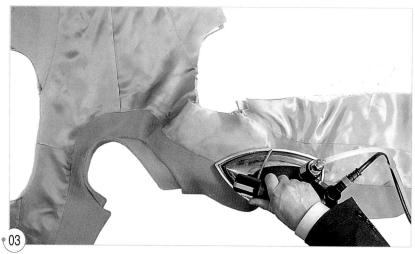

03
겉으로 뒤집어서 안단의 표면 쪽에서 시접을 안감 쪽으로 모두 넘겨 다림질한다.

14. 옆선을 박는다.

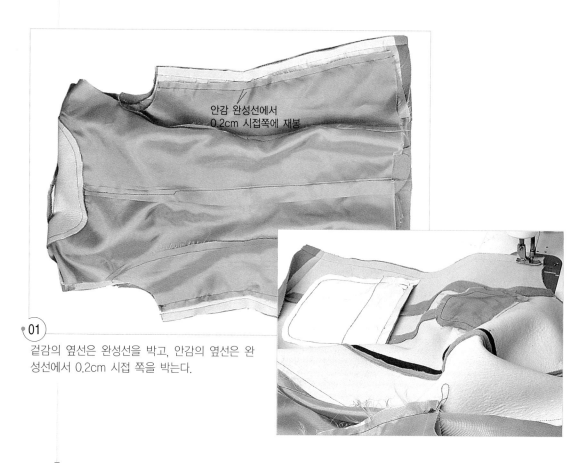

안감 완성선에서
0.2cm 시접쪽에 재봉

01
겉감의 옆선은 완성선을 박고, 안감의 옆선은 완
성선에서 0.2cm 시접 쪽을 박는다.

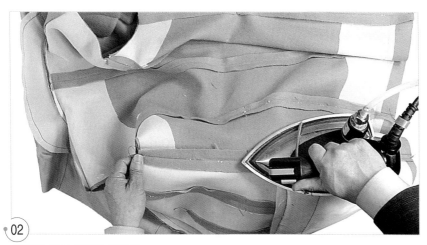

02 겉감의 옆선 시접을 가른다.

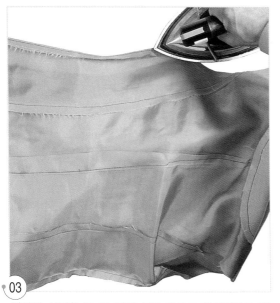

03 안감의 시접을 두 장 함께 뒤판 쪽으로 완성선에서 접어 넘긴다.

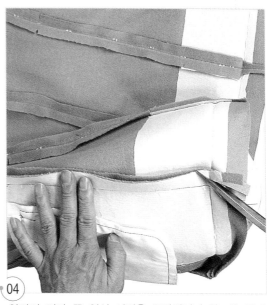

04 안감의 밑단 쪽 옆선 시접을 투박해지지 않도록 좁게 잘라낸다.

15. 겉 소매를 만들어 단다.

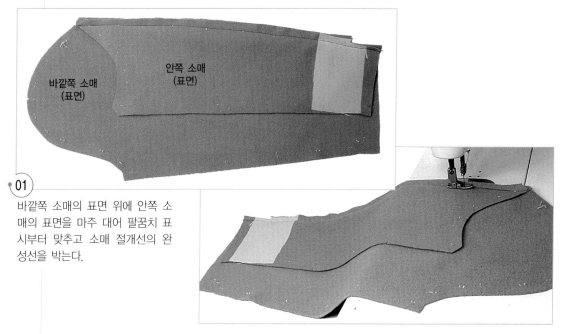

바깥쪽 소매
(표면)

안쪽 소매
(표면)

01

바깥쪽 소매의 표면 위에 안쪽 소
매의 표면을 마주 대어 팔꿈치 표
시부터 맞추고 소매 절개선의 완
성선을 박는다.

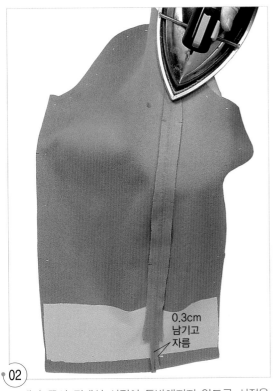

02
소매단 쪽의 절개선 시접이 투박해지지 않도록 시접을
좁게 잘라낸다.

0.3cm
남기고
자름

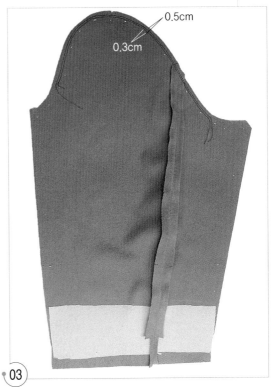

0.5cm

0.3cm

03
소매산 곡선에 완성선에서 0.3cm와 0.5cm에 두 줄
시침재봉을 한다.

소매 밑 선

04
겉끼리 마주 대어 소매 밑 선을 박는다.

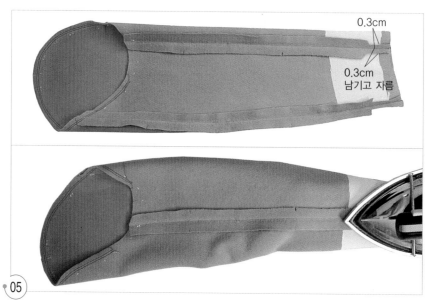

0.3cm

0.3cm
남기고 자름

05 소매단 쪽 소매 밑 선의 시접이 투박해지지 않도록 시접을 좁게 잘라내고 시접을 가른다.

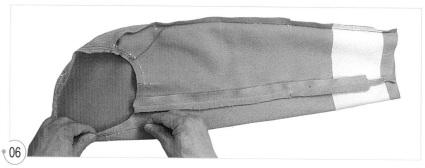

06 소매산 곡선에 시침재봉한 실 두 올을 함께 당겨 소매 둘레 치수에 맞게 오그린다.

07 오그린 소매산을 프레스 볼의 둥그런 부분을 이용하여 다리미로 자리잡아 둔다.

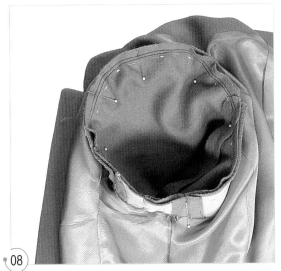

08 소매와 몸판을 겉끼리 마주 대어 소매산과 겨드랑 밑 표
시, 소매의 앞뒤 너치 표시와 몸판의 너치 표시끼리 맞
추어 핀으로 고정시키고, 완성선에서 0.1cm 시접 쪽에
촘촘한 홈질로 고정시킨다.

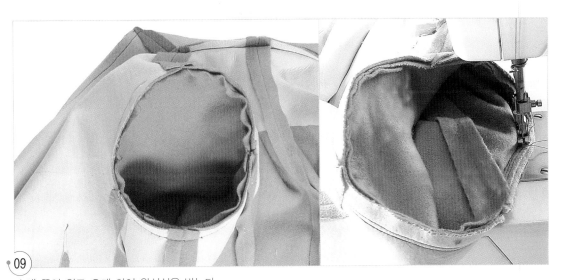

09 소매 쪽이 위로 오게 하여 완성선을 박는다.

10 2.5cm 폭의 정바이어스 방향으로 길이 23~28cm(즉, 앞뒤 패널라인에서 소매산 곡선 길이+3cm)의 소매산 받침 천을 준비한다.

11 소매산 곡선에 자연스럽게 맞추어지도록 다리미로 소매산 받침 천을 곡선 모양으로 만든다.

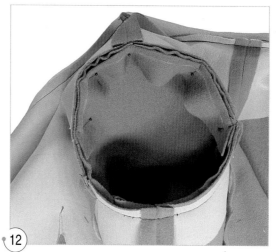

12 소매산 받침 천 양쪽 끝을 앞뒤 패널라인 위치에서 1.5cm씩 내려 맞추고 핀으로 고정시킨다.

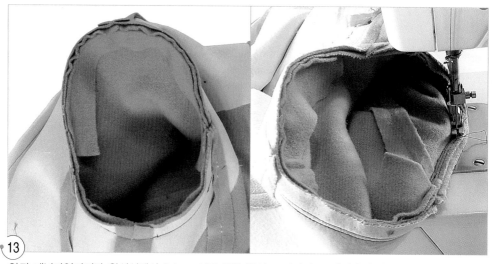

13 앞뒤 패널라인까지만 완성선에서 0.1cm 시접 쪽을 박아 고정시키고, 패널라인 아래쪽은 완성선을 다시 한 번 박는다.

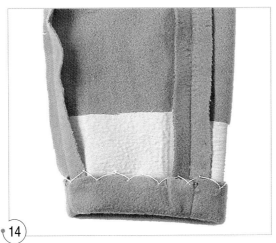

14
소매단을 완성선에서 접어 올려 바늘땀이 겉감에 나타
나지 않도록 심지만을 떠서 새발뜨기로 고정시킨다.

16. 안 소매를 만들어 단다.

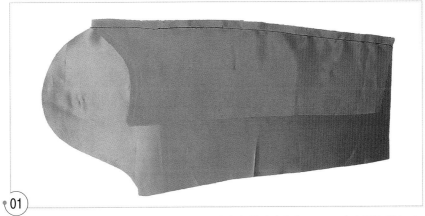

01
안 소매의 팔꿈치 표시부터 맞추어 소매 절개선의 완성선에서 0.2cm 시접 쪽을 박는다.

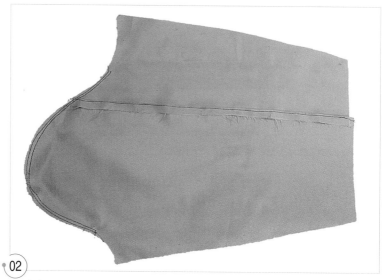

02 소매산 곡선에 완성선에서 0.3cm와 0.5cm에 두 줄 시침재봉을 한다.

바깥쪽 소매
(이면)

03 소매 절개선의 시접 두 장을 함께 바깥쪽 소매 쪽으로 완성선에서 접어 넘긴다.

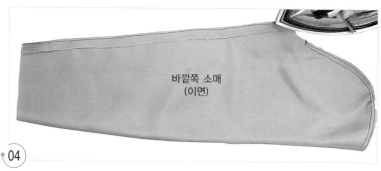

바깥쪽 소매
(이면)

04 소매 밑 선을 박고 시접을 두 장 함께 바깥쪽 소매 쪽으로 완성선에서 접어 넘긴다.

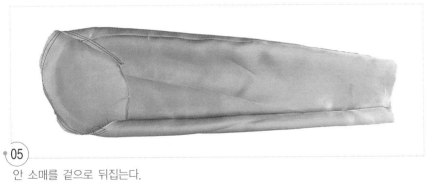

05

안 소매를 겉으로 뒤집는다.

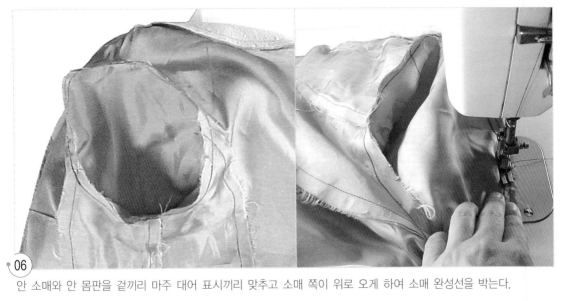

06

안 소매와 안 몸판을 겉끼리 마주 대어 표시끼리 맞추고 소매 쪽이 위로 오게 하여 소매 완성선을 박는다.

17. 어깨 패드를 단다.

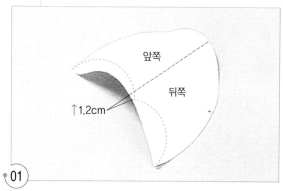

01 재킷용 어깨 패드를 사용한다.

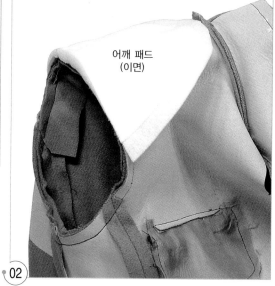

02 겉 몸판의 어깨선 이면에 어깨 패드의 표면을 마주 대어 맞춤표시를 맞추고 핀으로 고정시킨 다음, 어깨 패드를 구부린 상태로 어깨선 진동둘레 선 시접에 맞추면서 손바느질의 온박음질로 고정시킨다.

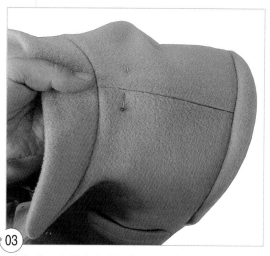

03 어깨 패드가 안정되도록 겉쪽에서 어깨선 주위를 쓸어 내리고 핀으로 고정시킨다.

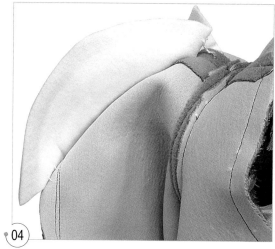

04 이면 쪽으로 뒤집어서 옆 목점 쪽 어깨선 시접에 어깨 패드를 1cm의 실 루프로 고정시킨다.

18. 안감을 고정 시침질한다.

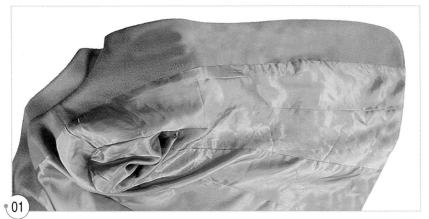

01 겉으로 뒤집어서 안단과 안감을 박은 선 홈에 겉까지 통하게 시침질로 고정시킨다.

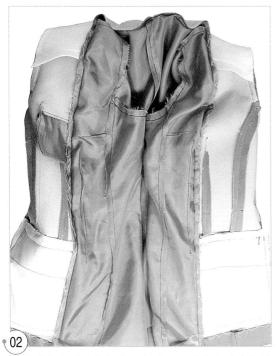

02 겉감에까지 바늘땀이 나오지 않도록 안단과 안감의 연결선 시접을 어깨 패드와 접착 심지만을 떠서 새발뜨기로 고정시킨다.

03 옆선의 안감 시접을 겉감의 뒤판 시접에 시침질로 고정시킨다.

04 겨드랑 밑쪽의 안감 시접을 겉감의 시접에 손바느질의 반박음질로 고정시킨다.

05 안감의 어깨선 끝 시접을 어깨 패드에 1cm의 실 루프 로 고정시킨다.

19. 안감의 소매단과 밑단을 처리한다.

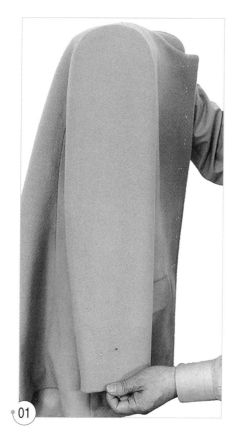

01

한쪽 손으로 어깨선을 받치고, 소매 단 쪽에서 겉 소매와 안 소매를 동시 에 당겨 안 소매의 길이를 확인하고 소매단 쪽에 핀으로 고정시킨다.

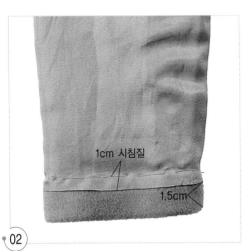

02

1cm 시침질

1.5cm

이면 쪽으로 소매를 뒤집어서 겉 소매단의 완성
선에서 1.5cm 올라간 곳에 맞추어 안 소매의 시
접을 접어 넣고 안감의 소매단 선 끝에서 1cm 올
라간 곳에 시침질로 고정시킨다.

03

안 소매단을 겉 소매의 시접에 촘촘한 감침질로
고정시킨다.

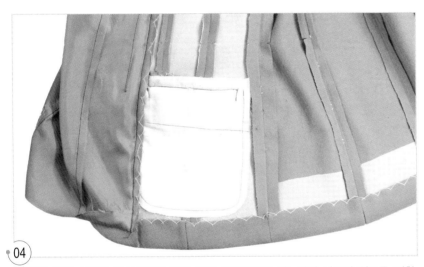

04

몸판의 밑단 시접을 완성선에서 접어 올려 겉감에까지 바늘땀이 나오지 않도록 접착
심지만을 떠서 새발뜨기로 고정시킨다.

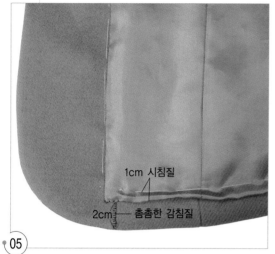

1cm 시침질

2cm — 촘촘한 감침질

05 안단의 밑단 쪽을 촘촘한 감침질로 고정시키고, 겉감의 밑단 완성선 끝에서 2cm 올라간 곳에 맞추어 안감의 시접을 접어 넣고 1cm 올라간 곳에 시침질로 고정시킨다.

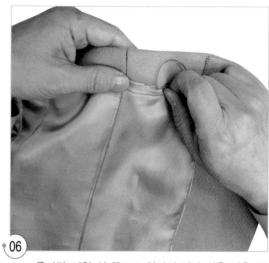

06 1cm 올라간 시침 선 쪽으로 안감의 밑단 선을 접은 산에서 0.5cm 들어 올리고 속감치기로 고정시킨다.

20. 단춧구멍을 만든다.

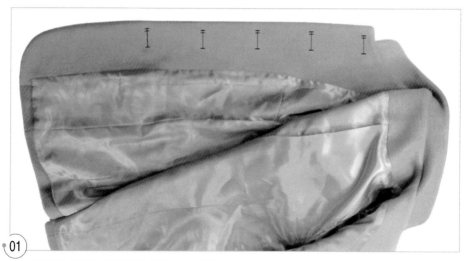

01 앞 오른쪽의 안단에 단춧구멍 위치를 표시한다.

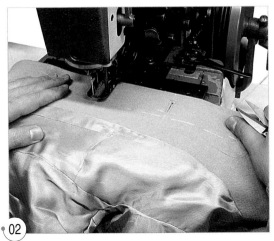

02 단춧구멍 위치에 머신 버튼홀 스티치로 단춧구멍을 만
든다.

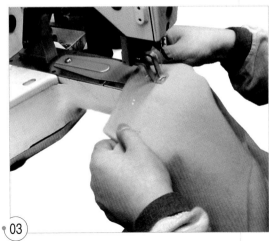

03 단춧구멍 안쪽을 마무리 스티치한다.

04 단춧구멍 완성.

21. 마무리 다림질을 한다.

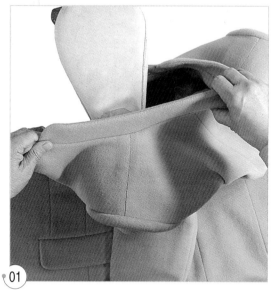

01
프레스 볼에 어깨선을 얹는다.

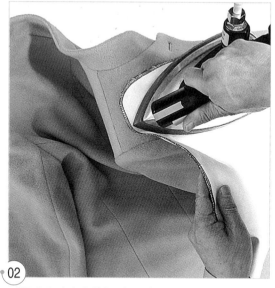

02
겉쪽에서 다림질 천을 얹고 어깨선 주위를 스팀 다림질
한다.

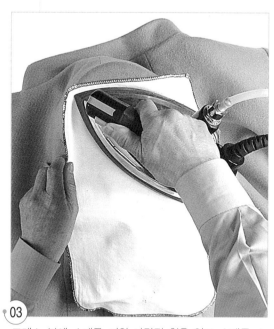

03
프레스 볼에 소매를 끼워 다림질 천을 얹고 소매를 스
팀 다림질한다.

04
소매 아래쪽의 몸판은 편편한 다리미 판 위에서 다림질
천을 얹고 스팀 다림질한다.

22. 단추를 달아 완성한다.

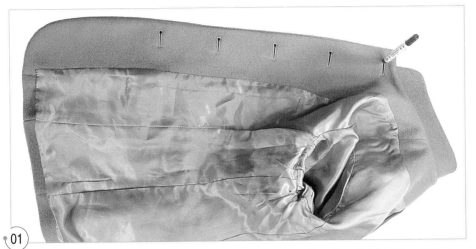

01
좌우 앞단 쪽을 겉끼리 마주 대어 맞추고 단춧구멍에 맞추어 단추 다는 기본 위치를 표시한다.

4cm

02
앞 왼쪽의 단추 다는 위치에 맞추어 단추를 달고, 소매단에서 4cm 올라가 소매 절개선에서
바깥쪽 소매 쪽에 단추를 단다.

피터팬 칼라 재킷 Peter Pan Collar Jacket

■■■ J.A.C.K.E.T **05**

실루엣 ● ● ● 앞뒤 패널라인의 허리를 셰이프시킨 짧은 길이의 플랫 칼라와 두 장 소매 재 킷으로 유행에 상관없이 착용할 수 있는 여성스러우면서 귀여운 느낌의 실루엣이다.

포인트 ● ● ● 플랫 칼라 만드는 법 / 두 장 소매 만드는 법 / 패치 포켓 만드는 법 / 전체 안감을 넣는 법을 배운다.

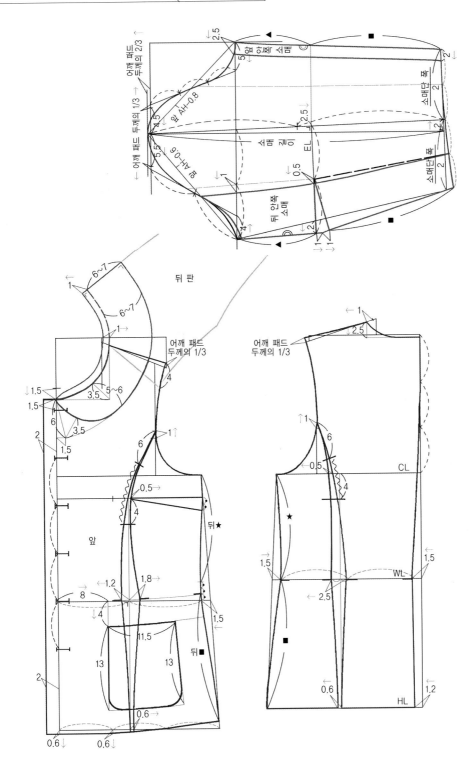

재단법 • • •

재료

- 겉감 : 150cm 폭 130cm • 안감 : 90cm 폭 132cm
- 접착 심지(앞판, 앞 안단, 뒤, 뒤 안단, 앞 소매, 뒤 소매, 위 칼라, 밑 칼라, 주머니 입구 천)
  90cm 폭 70cm
- 단추 : 직경 2cm 7개, 1.2cm 6개 • 어깨 패드 : 어깨 패드 1set

● 겉감의 재단

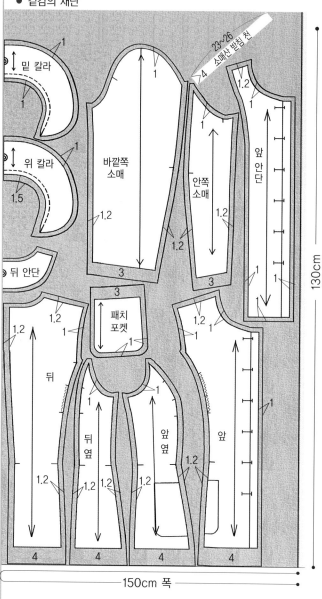

● 안감의 재단

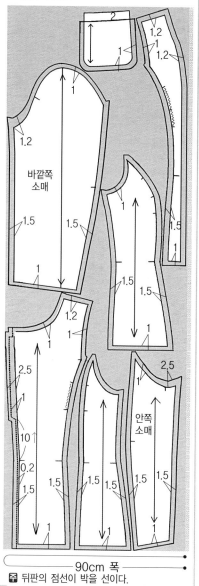

☑ 뒤판의 점선이 박을 선이다.

봉제법 •••

1. 표시를 한다.

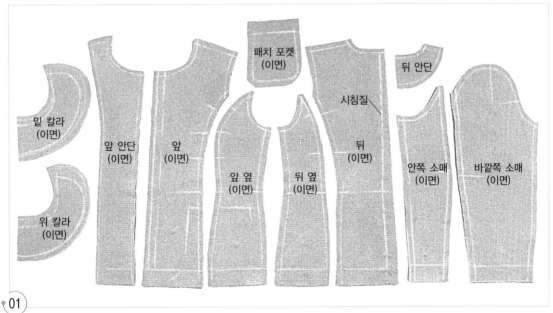

①

겉감의 위 칼라와 밑 칼라, 앞 안단, 앞, 앞 옆, 뒤 옆, 뒤, 뒤 안단, 안쪽 소매, 바깥쪽 소매, 패치 포켓의 완성선에
실표뜨기로 표시를 한다.

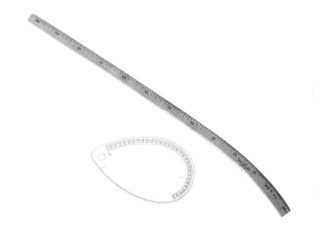

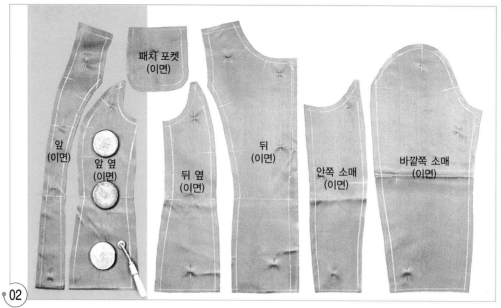

02 초크 페이퍼 위에 안감의 앞, 앞 옆, 뒤, 뒤 옆, 안쪽 소매, 바깥쪽 소매, 패치 포켓의 안감을 얹고 룰렛이나 송곳으로 완성선을 눌러 표시한다.

2. 접착 심지를 붙인다.

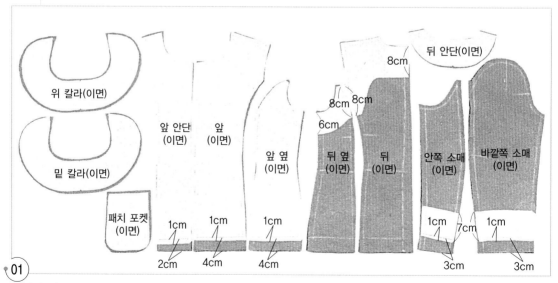

01 겉감의 위 칼라와 밑 칼라, 패치 포켓, 앞 안단, 앞, 앞 옆, 뒤 옆, 뒤, 안쪽 소매, 바깥쪽 소매, 뒤 안단에 접착 심지를 붙인다.

3. 앞뒤 패널라인 선과 뒤 중심선을 박는다.

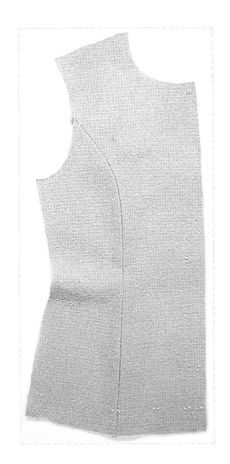

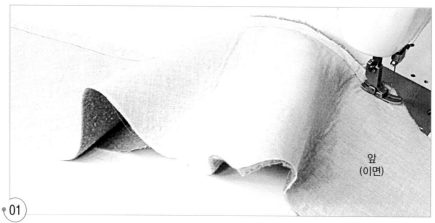

01 앞판은 오목하게 들어간 곡선이고, 앞 옆판은 볼록하게 나온 곡선이다. 오목하게 들어간
곡선인 앞판 쪽이 위로 오게 하여 앞 패널라인을 박는다.

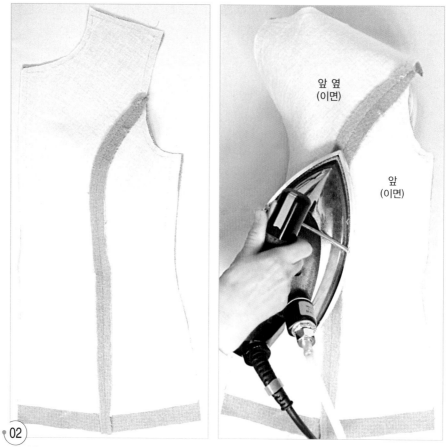

앞 옆
(이면)

앞
(이면)

02 시접을 가른다. 곡선이 강한 부분은 프레스 볼 위에 얹고 박은 선을 따라 다림질하여 곡선 모
양이 틀어지지 않도록 한다.

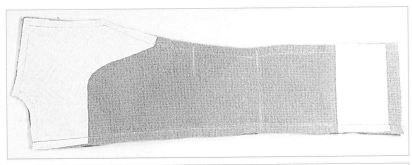

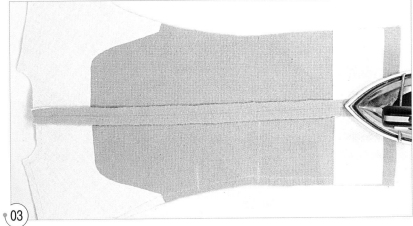

03 뒤 중심선을 박고 시접을 가른다.

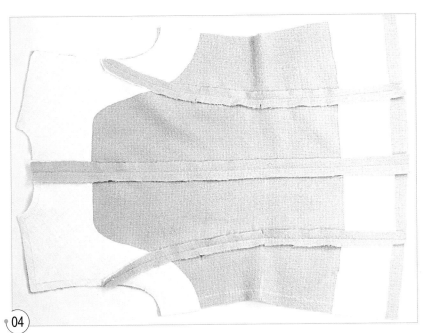

04 앞판과 마찬가지로 뒤 패널라인을 박고 시접을 가른다.

4. 패치 포켓을 만들어 단다.

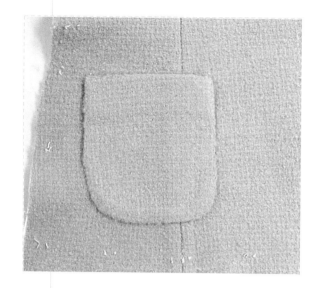

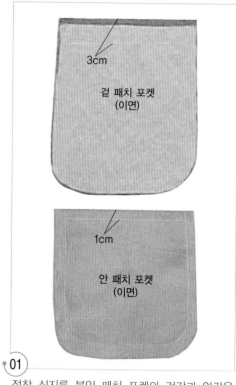

3cm

겉 패치 포켓
(이면)

1cm

안 패치 포켓
(이면)

01 접착 심지를 붙인 패치 포켓의 겉감과 안감을
준비한다.

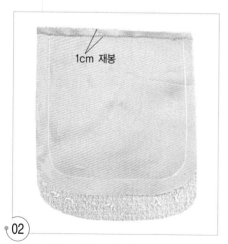

1cm 재봉

02 패치 포켓의 겉감과 안감을 겉끼리 마주 대
어 주머니 입구를 박는다.

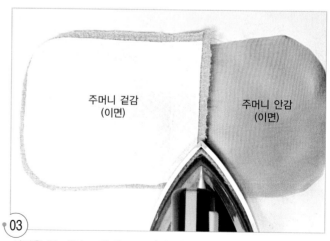

주머니 겉감
(이면)

주머니 안감
(이면)

03 시접을 안 패치 포켓 쪽으로 넘겨 다림질한다.

04 겉감의 주머니 입구 완성선에서 접어 다림질한다.

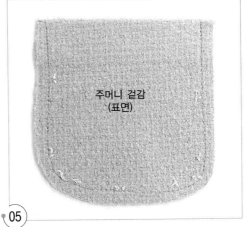

05 안감의 주머니와 겹쳐서 겉쪽에서 주머니 주위의 완성선을 박는다.

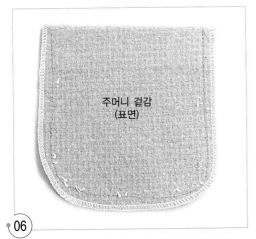

06 주머니 주위에 두 장 함께 오버록 재봉을 한다.

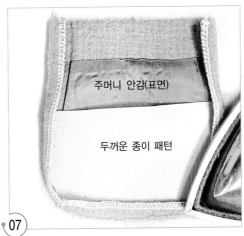

07 두꺼운 종이로 만든 주머니 패턴을 대고 다리미로 주머니 모양을 만든다.

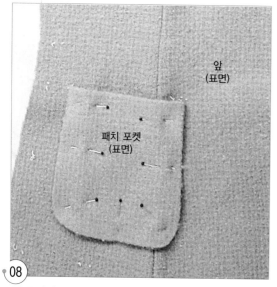

08

앞 몸판의 표면 위에 패치 포켓의 이면을 마주 대어 주머니 다는 위치의 표시에 맞추어 얹고 핀으로 고정시킨다.

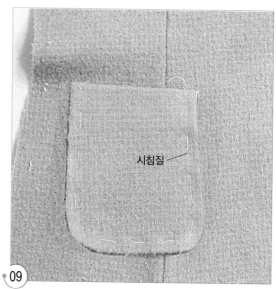

09

주머니 주위를 시침질로 고정시킨다.

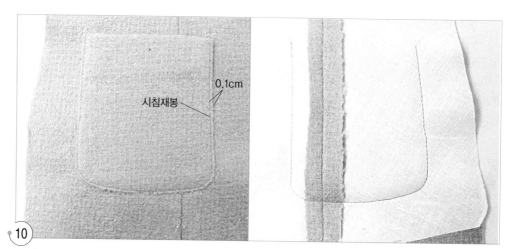

10

주머니 주위의 0.1cm에 시침재봉을 한다.

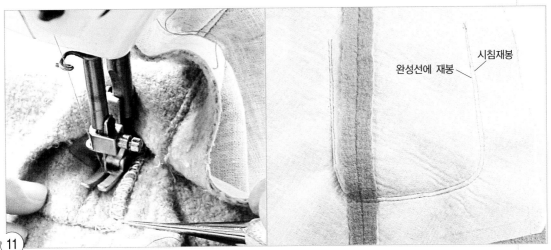

시침재봉

완성선에 재봉

11 주머니의 안쪽에서 주머니 주위의 완성선을 박는다.

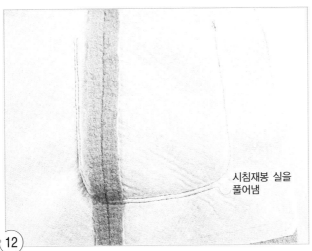

시침재봉 실을
풀어냄

12 완성선을 박아 패치 포켓이 고정되었으므로 시침재봉한 실을 풀
어낸다.

5. 겉감과 안단의 어깨선을 박는다.

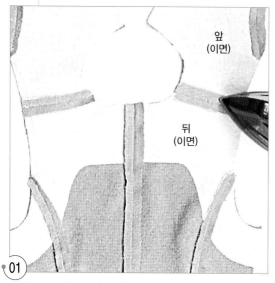

앞
(이면)

뒤
(이면)

01

앞판과 뒤판을 겉끼리 마주 대어 어깨선의 표시끼리 맞추고 완성선을 박은 다음 시접을 가른다.

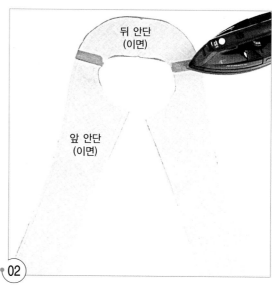

뒤 안단
(이면)

앞 안단
(이면)

02

앞뒤 안단을 겉끼리 마주 대어 어깨선을 박고 시접을 가른다.

6. 옆선을 박는다.

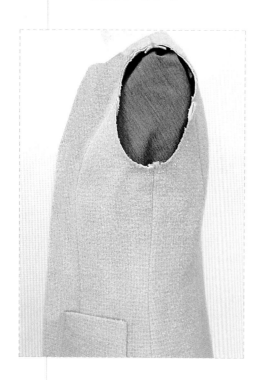

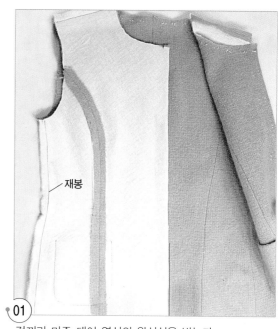

재봉

01

겉끼리 마주 대어 옆선의 완성선을 박는다.

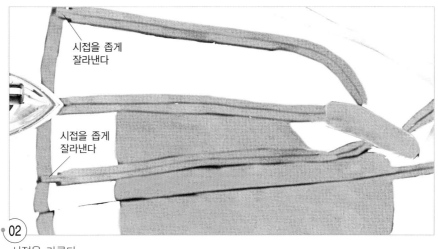

02

시접을 좁게
잘라낸다

시접을 좁게
잘라낸다

시접을 가른다.

7. 안단을 연결한다.

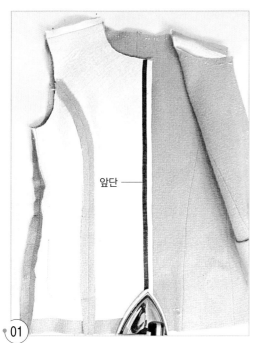

01

앞단의 완성선에 1cm 폭의 늘림 방지용 접착 테
이프를 붙인다.

앞단

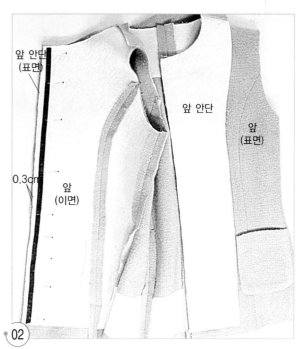

02

몸판과 안단을 겉끼리 마주 대어 몸판 쪽을 0.3cm 안쪽으
로 차이지게 밀어 핀으로 고정시키고 몸판의 완성선에 시침
질로 고정시킨다.

앞 안단
(표면)

앞 안단

앞
(표면)

0.3cm

앞
(이면)

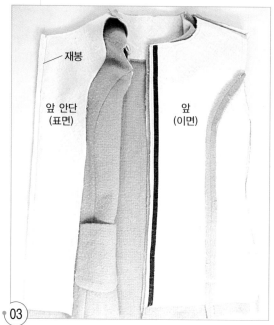

03 안단의 완성선을 박는다.

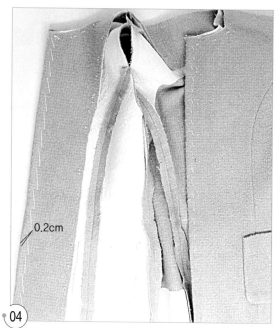

04 겉으로 뒤집어서 안단을 0.2cm 차이지게 어슷시침으로 고정시킨다.

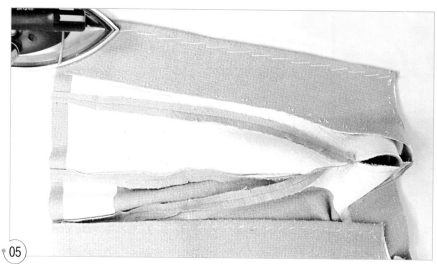

05 다림질하여 자리잡아 준다.

8. 칼라를 만들어 단다.

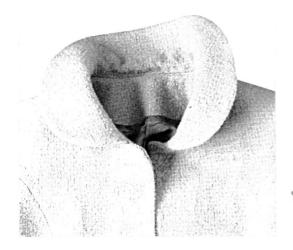

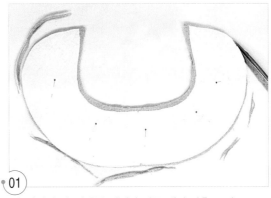

01 위 칼라와 밑 칼라를 겉끼리 마주 대어 맞추고 핀으로 고정시킨 다음 시접이 똑같아지도록 두 장 함께 정리한다.

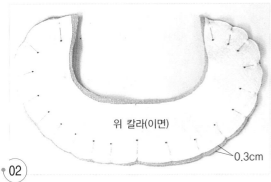

위 칼라(이면)

0.3cm

02 위 칼라 쪽을 0.3cm 안쪽으로 차이지게 밀어 핀으로 고정시킨다.

위 칼라(이면)

03 위 칼라의 완성선에 시침질로 고정시킨다.

밑 칼라(이면)

04 밑 칼라의 완성선을 박는다.

밑 칼라(이면)

05 시접을 가른다.

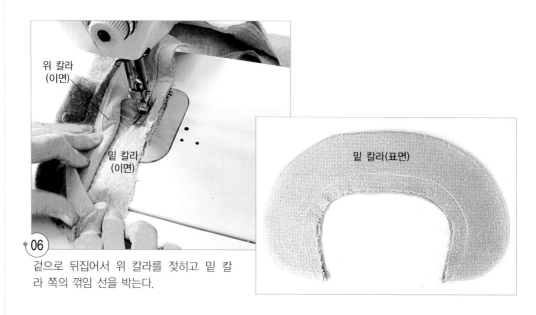

위 칼라
(이면)

밑 칼라
(이면)

밑 칼라(표면)

06 겉으로 뒤집어서 위 칼라를 젖히고 밑 칼라 쪽의 꺾임 선을 박는다.

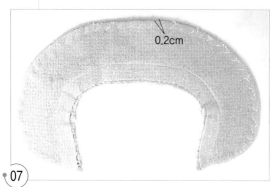
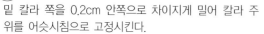

0.2cm

07 밑 칼라 쪽을 0.2cm 안쪽으로 차이지게 밀어 칼라 주위를 어슷시침으로 고정시킨다.

08 다림질하여 자리잡아 준다.

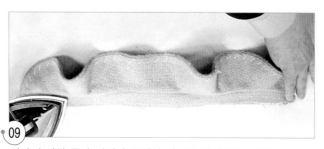

09 칼라 솔기선 쪽의 시접이 수평이 되도록 다리미로 늘린다.

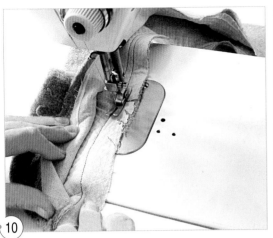

● 밑 칼라 쪽에서 본 상태

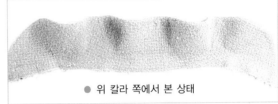

● 위 칼라 쪽에서 본 상태

10 위 칼라를 젖히고 밑 칼라의 꺾임 선에서 시접 쪽에 0.5cm 폭으로 두 줄 박는다.

11 밑 칼라가 위쪽으로 오게 하여 칼라 솔기 선에서 위 칼라와 함께 접어 위 칼라에 여유분을 넣고 핀으로 고정시킨 다음, 시접 두 장을 함께 여유분이 틀어지지 않도록 짧은 바늘땀의 시침질로 고정시킨다.

12 위 칼라 쪽에서 칼라의 꺾임 선을 따라 어슷시침으로 고정시킨다.

13

몸판의 표면 위에 밑 칼라의 표면을 마주 대어 뒤 중심, 옆 목점, 칼라 달림 끝 위치를 맞추고 뒤 중심부터 완성선에서 0.2cm 시접 쪽을 박아 고정시키고, 같은 방법으로 반대쪽도 박아 고정시킨다.

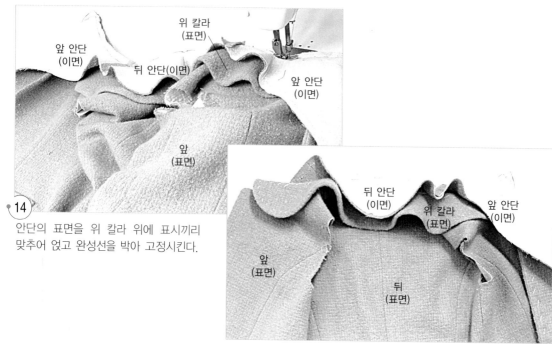

14 안단의 표면을 위 칼라 위에 표시끼리
맞추어 얹고 완성선을 박아 고정시킨다.

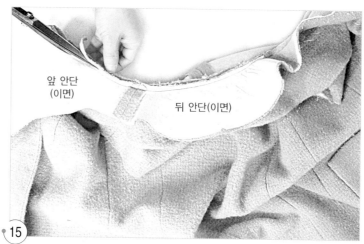

15 투박하지 않고 매끄럽게 만들어지도록 안단의 시접을 0.5cm로 정리한다.

16 시접을 모두 안단 쪽으로 넘기고 안단
쪽에서 칼라를 박은 선에서 0.1cm 안단
선에 상침재봉을 한다.

17 시접이 투박하지 않도록 안단 쪽에서 스팀 다림질한다.

9. 두 장 소매를 만든다.

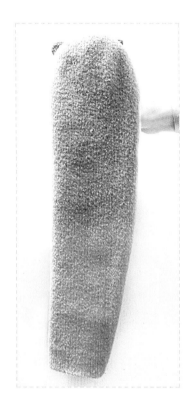

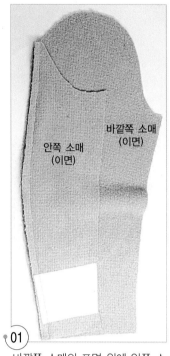

안쪽 소매
(이면)

바깥쪽 소매
(이면)

01 바깥쪽 소매의 표면 위에 안쪽 소매의 표면을 마주 대어 팔꿈치 표시, 소매 폭 선 표시, 소매단의 표시끼리 맞추고 완성선을 박는다.

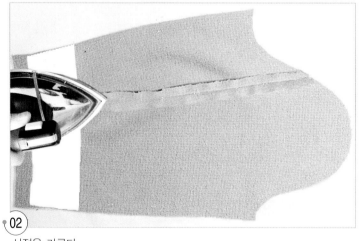

02 시접을 가른다.

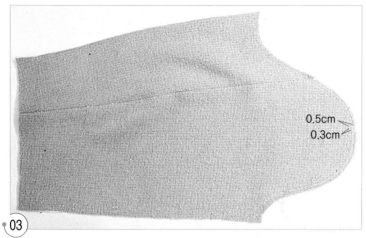

0.5cm
0.3cm

03 소매산 곡선에 완성선에서 0.3cm와 0.5cm에 두 줄 시침재봉을 한다.

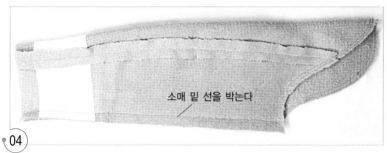

소매 밑 선을 박는다

04 겉끼리 마주 대어 앞 소매 밑 선을 박는다.

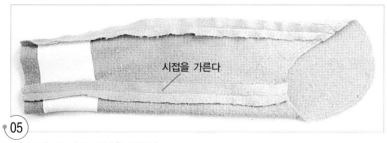

시접을 가른다

05 앞 소매 밑 선의 시접을 가른다.

06 시침재봉한 실 두 올을 함께 당겨 소매산 곡선을 몸판의 진동 둘레 치수에 맞게 오그린다.

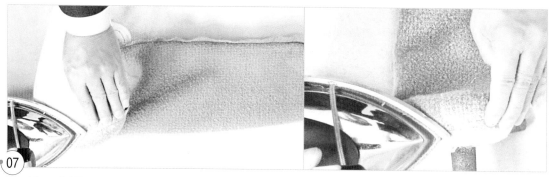

07 오그린 소매산을 프레스 볼에 끼워 다리미로 자리잡아 둔다.

10. 소매를 단다.

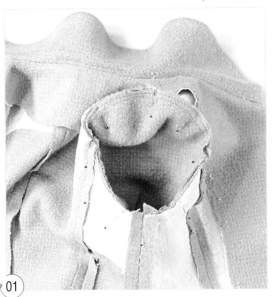

01 소매와 몸판을 겉끼리 마주 대어 소매산의 너치와 몸판의 너치 표시, 소매 밑과 소매산의 표시끼리 맞추어 핀으로 고정시킨다.

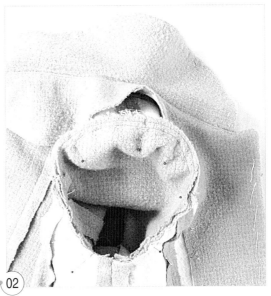

02 완성선에서 0.1cm 시접 쪽에 촘촘한 바늘땀으로 시침질한다.

03 소매 쪽이 위로 오게 하여 완성선을 두 번 박기 한다.

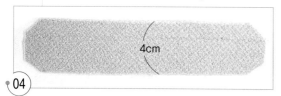

04

4cm 폭의 정바이어스 방향으로 길이 23~26cm(즉, 앞뒤 패널라인에서 소매산 곡선 길이+3cm)의 소매산 받침 천을 준비한다. 소매산 곡선의 오그림 분이 겉쪽에 나타나지 않고 매끄러운 소매산으로 만들어지도록 소매산 받침 천은 겉감이 중간 두께의 경우에는 겉감으로 사용하고 얇은 천의 경우에는 안감으로 사용하는 것이 좋다.

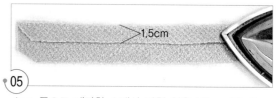

05

4cm 폭으로 재단한 소매산 받침 천을 1.5cm 접는다.

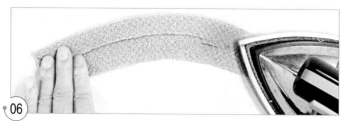

06

다리미로 소매산에 받침 천을 곡선 모양으로 만들어 소매산 곡선에 자연스럽게 맞추어지도록 한다.

07

소매산 받침 천 양쪽 끝을 앞뒤 패널라인 끝에서 1.5cm씩 내려 맞추고 소매산 곡선의 완성선에서 0.1cm 시접 쪽을 패널라인 끝까지만 박아 고정시킨다.

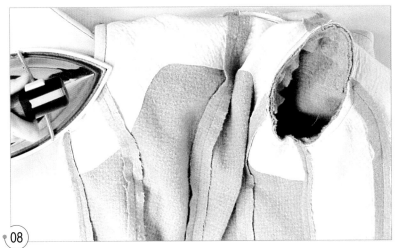

(08) 프레스 볼에 끼워 소매산 곡선의 박은 선을 따라 다림질한다.

11. 안감을 만든다.

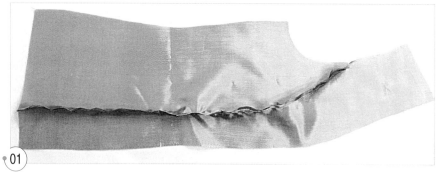

안감의 앞 패널라인 선을 완성선에서 0.2cm 시접 쪽을 박는다.

시접을 두 장 함께 완성선에서 접는다.

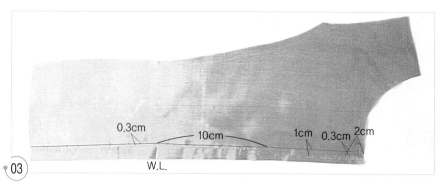

0.3cm 10cm 1cm 0.3cm 2cm

W.L.

뒤 중심선을 박는다. 이때 등 부분은 운동량이 필요하므로 허리선에서 10cm 올라간 곳까지 완성선에서 1cm 시접 쪽을 박고, 그곳에서 밑단 선까지는 완성선에서 0.3cm 시접 쪽을 박는다(안감 재단 시 점선으로 표시된 선이 재봉선이다).

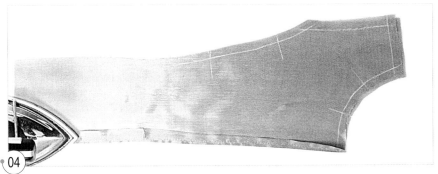

04 시접을 두 장 함께 완성선에서 접어 왼쪽으로 넘긴다.

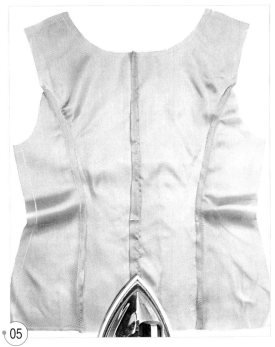

05 앞판과 마찬가지로 뒤 안감의 패널라인 선을 완성선에서 0.2cm 시접 쪽을 박고, 완성선에서 중심 쪽으로 시접을 접은 다음 키세 분량을 유지하면서 뒤 중심과 패널라인을 다림질한다.

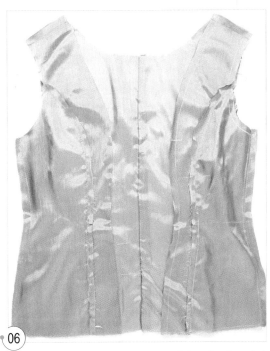

06 안감의 옆선은 완성선에서 0.2cm 시접 쪽을 박고 어깨선은 완성선을 박는다.

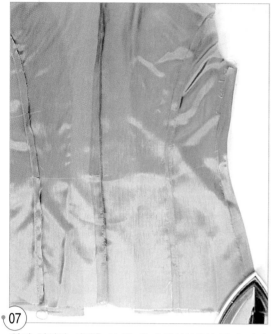

07

앞뒤 옆선의 시접을 두 장 함께 완성선에서 접어 뒤판 쪽으로 넘긴다.

08

앞뒤 어깨선의 시접을 두 장 함께 완성선에서 접어 뒤판 쪽으로 넘긴다.

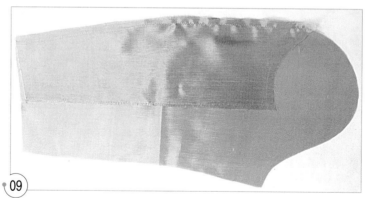

09

겉감의 경우와 마찬가지로 바깥쪽 소매의 표면 위에 안쪽 소매의 표면을 마주 대어 얹고 팔꿈치 선, 소매 폭 선 표시, 소매단 선의 표시끼리 맞추고 완성선에서 0.2cm 시접 쪽을 박는다.

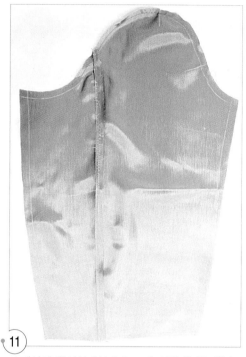

10 시접을 두 장 함께 완성선에서 접
어 바깥쪽 소매 쪽으로 넘긴다.

11 소매산에 완성선에서 0.3cm에 시침재봉을 한다.

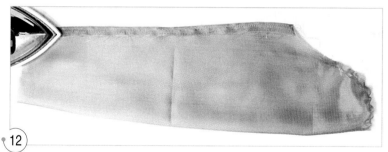

12 앞 소매 밑 선을 완성선에서 0.2cm 시접 쪽을 박고 두 장 함께 완성선에서 접
어 시접을 바깥쪽 소매 쪽으로 넘긴다.

13 소매산 곡선의 시침재봉한 실을 당겨 소매산을 오그린다.

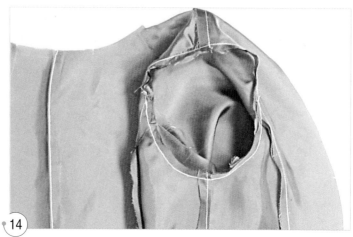

14 겉감과 같은 방법으로 안감의 몸판에 안 소매를 단다.

12. 안단에 안감을 연결한다.

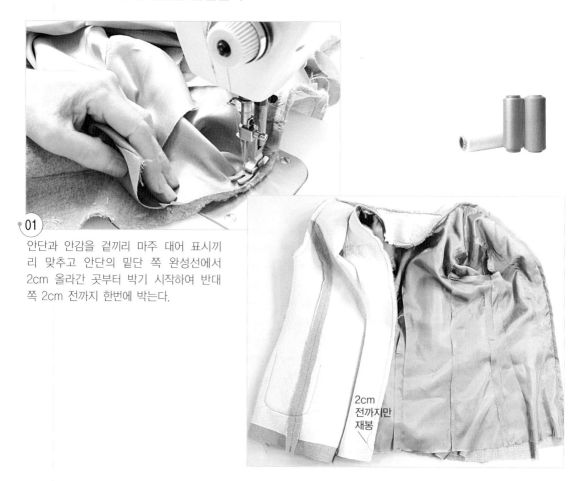

01 안단과 안감을 겉끼리 마주 대어 표시끼
리 맞추고 안단의 밑단 쪽 완성선에서
2cm 올라간 곳부터 박기 시작하여 반대
쪽 2cm 전까지 한번에 박는다.

2cm
전까지만
재봉

13. 어깨 패드를 달고 시접을 고정시킨다.

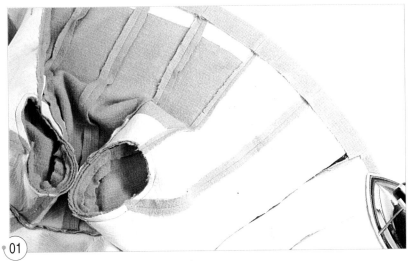

01 겉감의 밑단 시접을 완성선에서 접는다.

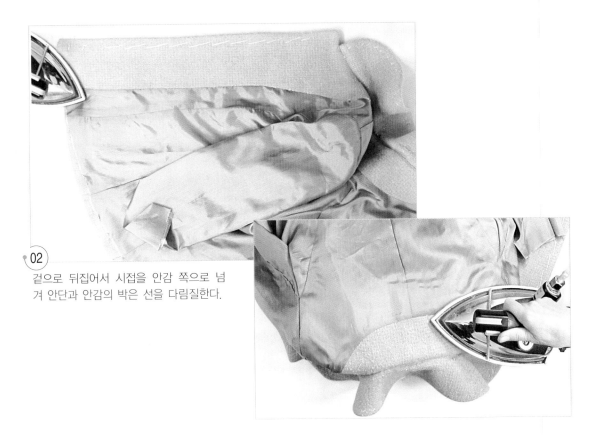

02 겉으로 뒤집어서 시접을 안감 쪽으로 넘겨 안단과 안감의 박은 선을 다림질한다.

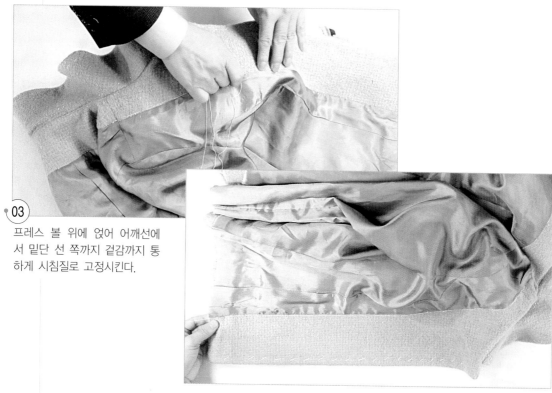

03 프레스 볼 위에 얹어 어깨선에서 밑단 선 쪽까지 겉감까지 통하게 시침질로 고정시킨다.

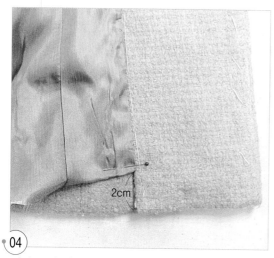

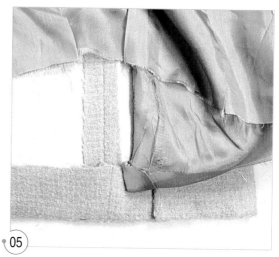

04 밑단 쪽의 안감을 겉감의 밑단 선에서 2cm 올려 접어 넣는다.

05 이면 쪽에서 핀으로 고정시켜 둔다.

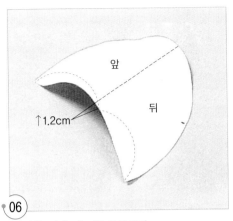

06 재킷용 어깨 패드를 사용한다.

07 겉 몸판의 어깨선 이면에 어깨 패드의 표면을 마주 대어 맞춤표시를 맞추고 핀으로 고정시킨 다음, 어깨 패드를 구부린 상태로 소매산 쪽 진동 둘레 선의 시접에 맞추면서 손바느질의 온박음질로 고정시킨다.

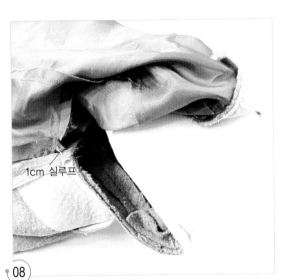

08 겨드랑 밑쪽의 안감 완성선의 시접을 겉감의 시접에 1cm의 실 루프로 고정시킨다.

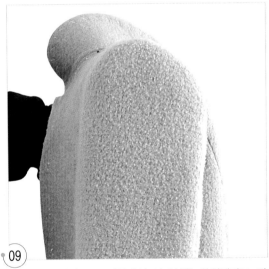

09 패드가 안정되도록 겉쪽에서 어깨선을 쓸어내리고 핀으로 고정시킨다.

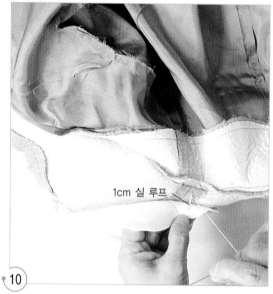

⑩ 이면 쪽으로 뒤집어서 옆 목점 쪽 어깨선 시접에 패드를 1cm의 실 루프로 고정시킨다.

1cm 실 루프

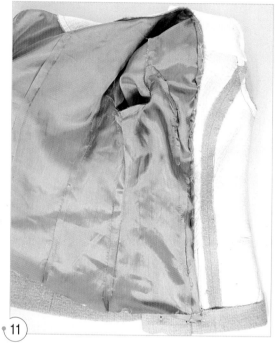

⑪ 겉감에까지 바늘땀이 나오지 않도록 어깨 패드와 접착 심지에만 안단과 안감의 연결선 시접을 두 장 함께 새발뜨기로 고정시킨다.

14. 밑단과 소매단을 처리한다.

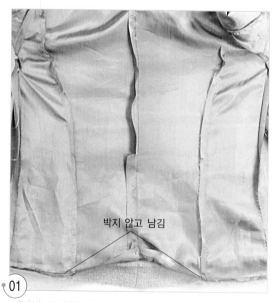

박지 않고 남김

① 겉감과 안감을 겉끼리 마주 대어 밑단 선 시접 끝에서 1cm 안쪽을 박는다. 이때 왼쪽 패널라인 선에서 오른쪽 패널라인 선까지는 박지 않고 남겨둔다.

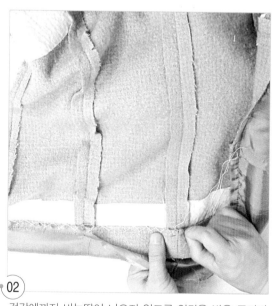

② 겉감에까지 바늘땀이 나오지 않도록 안감을 박은 곳까지는 안감과 겉감의 시접을 함께 새발뜨기로 고정시키고, 박지 않고 남겨둔 곳은 겉감만 새발뜨기로 고정시킨다.

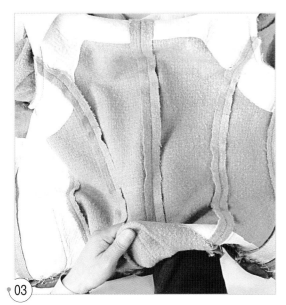

03 박지 않고 남겨둔 곳으로 손을 넣어 칼라를 잡는다.

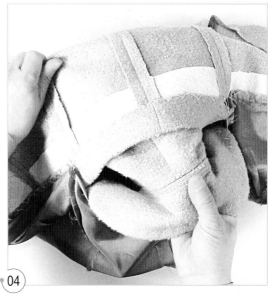

04 칼라를 당겨 겉으로 뒤집는다.

05 한쪽 손으로 어깨선을 받치고, 소매단 쪽에서 겉 소매와 안 소매를 동시에 당겨 안 소매가 안정되도록 하고 핀으로 고정시킨다.

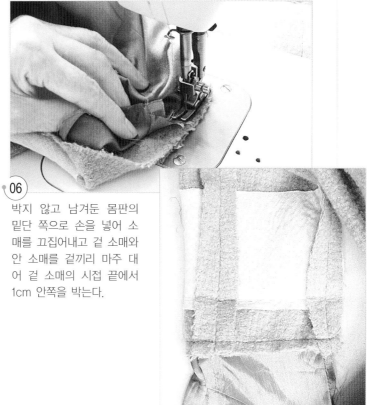

06 박지 않고 남겨둔 몸판의 밑단 쪽으로 손을 넣어 소매를 끄집어내고 겉 소매와 안 소매를 겉끼리 마주 대어 겉 소매의 시접 끝에서 1cm 안쪽을 박는다.

07 겉 소매단의 완성선에서 접어 새발뜨기로 고정시킨다.

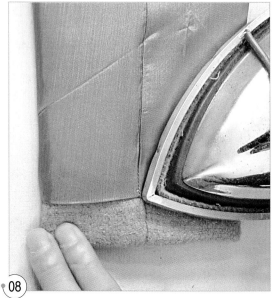

08 안감의 표면 소매 둘레 쪽으로 손을 넣어 소매를 빼내고 다림질한다.

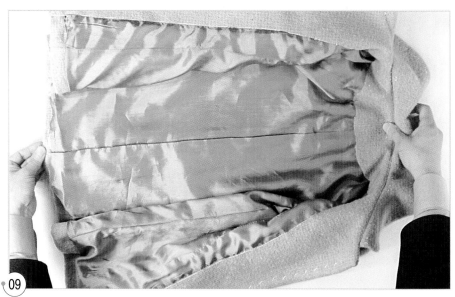

09 소매를 겉쪽으로 빼내고 한쪽 손으로 뒷목점 쪽을 잡고 다른 한손으로 겉감의 밑단을 당겨 안감이 당겨지지 않도록 맞춘다.

10 허리선 위쪽으로 약간 여유분을 넣고 핀으로 고정시킨다.

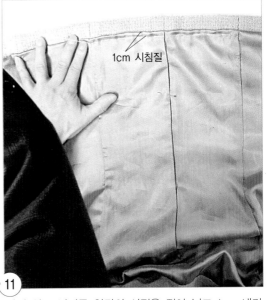

11 박지 않고 남겨둔 안감의 시접을 접어 넣고 1cm 내려온 곳에 시침질로 고정시킨다.

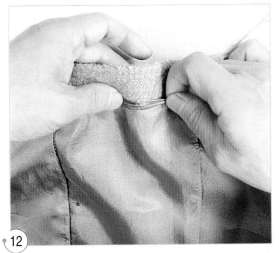

12 1cm 내려간 시침선 쪽으로 안감의 밑단을 접은 산에서 0.5cm 들어올리고 속감치기로 고정시킨다.

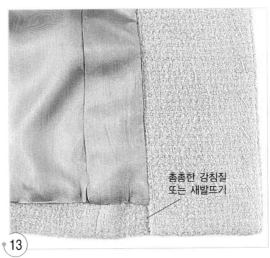

13 안단의 시접을 접어 넣고 촘촘한 감침질 또는 새발뜨기로 고정시킨다.

15. 단춧구멍을 만들고 마무리 다림질을 한다.

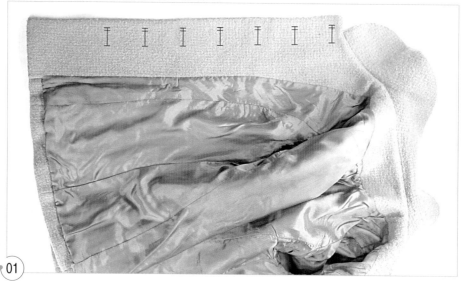

01 앞 오른쪽 안단에 단춧구멍 위치를 표시한다.

02 앞 오른쪽 단춧구멍 위치에 머신 버튼홀 스티치로 단춧구멍을 만든다(p.206의 01∼p.207의 03 참조).

03 몸판은 편편한 다리미 판 위에 올려놓고 겉쪽에서 다림질 천을 얹고 스팀 다림질한다.

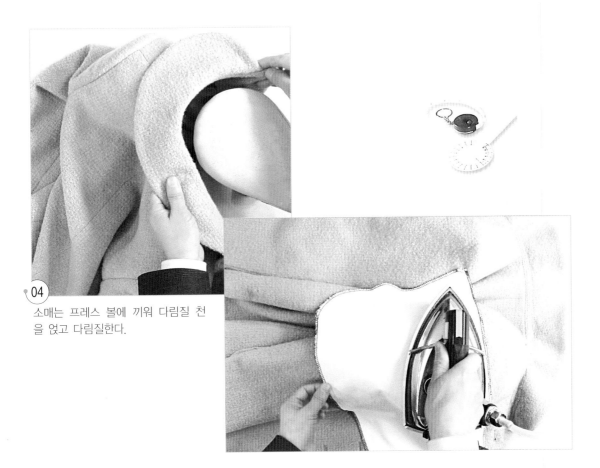

04 소매는 프레스 볼에 끼워 다림질 천을 얹고 다림질한다.

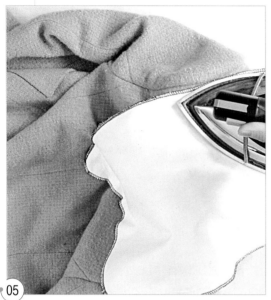

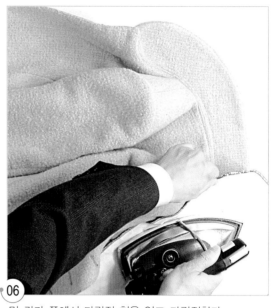

05 어깨선을 프레스 볼 위에 얹어 다림질 천을 얹고 다림
질한다.

06 밑 칼라 쪽에서 다림질 천을 얹고 다림질한다.

16. 단추를 달아 완성한다.

01 좌우 앞단을 겉끼리 맞추어 겹쳐 놓은 상태에서 오른쪽의 단춧구멍 위치에서 앞 왼쪽의
단추 다는 위치를 표시한다.

02

단추를 달아 완성한다. 소매는 소매단 선에서 4cm 올라간 곳의 솔기선에서 바깥쪽 소매
쪽에 단추를 단다.

더블 브레스트 페플럼 재킷 Double Breasted Peplum Jacket

■■■ J.A.C.K.E.T 06

실루엣 ●●● 허리를 셰이프시켜 약간의 플레어를 넣은 페플럼을 단 재킷이다. 좌우 앞여 밈을 깊게 겹쳐 이중으로 되어 있고, 단추가 두 줄로 나란히 달려 있으나 한 줄은 장식용 단추로 되어 있으며, 테일러드 칼라와 페플럼이 엘레강스한 느낌을 준다.

포인트 ●●● 테일러드 칼라 / 더블 여밈 / 몸판에만 안감을 넣는 방법 / 소매산 시접 정 리법 / 페플럼의 처리법을 배운다.

제도법 • • •

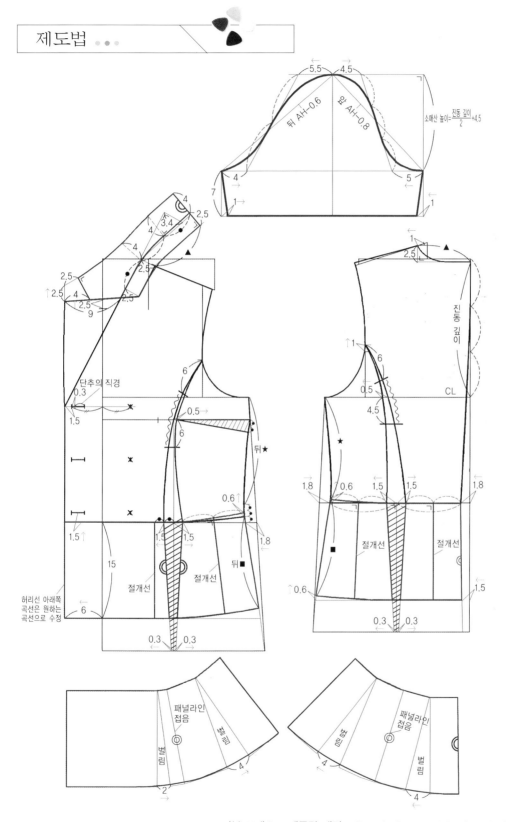

재단법 • • •

재 료

- 겉감 : 110cm 폭 130cm   • 안감 : 90cm 폭 132cm
- 접착 심지(앞판, 앞 안단, 뒤, 뒤 안단, 위 칼라, 밑 칼라, 앞뒤 페플럼 안단) 90cm 폭 70cm
- 단추 : 직경 2cm 6개, 직경 1cm의 스냅 단추 2set   • 어깨 패드 : 어깨 패드 1set

● 겉감의 재단

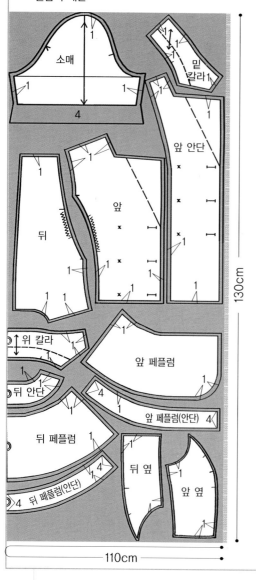

● 안감의 재단

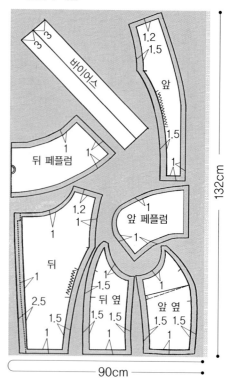

1. 표시를 한다.

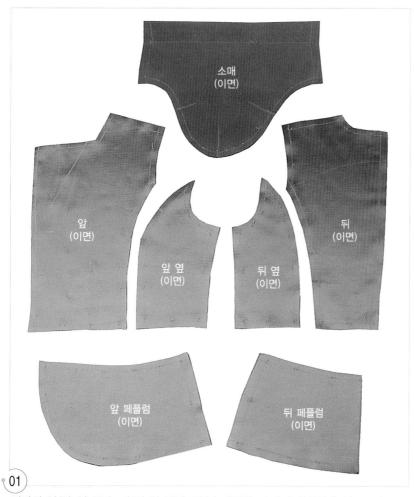

(01)

겉감의 앞/앞 옆 몸판, 뒤/뒤 옆 몸판, 앞/뒤 페플럼, 소매의 완성선에 실표뜨기로 표시를 한다.

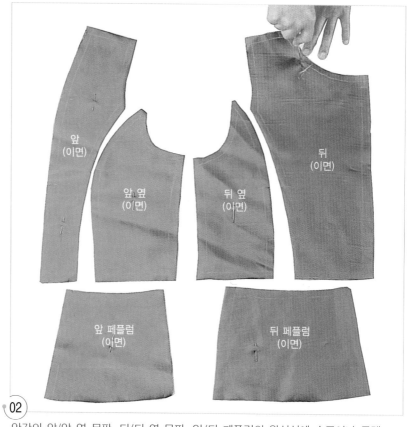

앞
(이면)

앞 옆
(이면)

뒤 옆
(이면)

뒤
(이면)

앞 페플럼
(이면)

뒤 페플럼
(이면)

02 안감의 앞/앞 옆 몸판, 뒤/뒤 옆 몸판, 앞/뒤 페플럼의 완성선에 송곳이나 룰렛으로
표시를 한다.

2. 접착 심지를 붙인다.

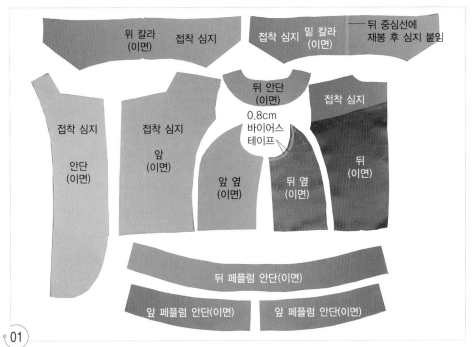

앞/앞 옆 몸판, 뒤 몸판, 앞/뒤 안단, 앞/뒤 안단 페플럼, 위 칼라와 밑 칼라에 바이어스 방향으로
재단한 접착 심지를 붙이고, 뒤 옆 몸판은 겨드랑 밑부분에 바이어스 테이프를 붙인다.
🔶 밑 칼라는 뒤 중심을 박고 시접을 가른 다음 접착 심지를 0.5cm 겹쳐서 붙인다.

몸판과 페플럼의 앞단과 라펠의 꺾임 선에
늘림 방지 접착 테이프를 붙인다.
🔶 라펠의 꺾임 선에서 1.5cm 옆선 쪽
　으로 나간 위치에 늘림 방지용 테이
　프를 붙인다.
＊ 바이어스 테이프가 없을 경우에는
　접착 심지를 바이어스 방향으로
　0.8cm 폭으로 잘라 사용한다.

3. 앞뒤 절개선과 뒤 중심선을 박는다.

뒤
(표면)

앞
(표면)

01

좌우 앞 몸판의 절개선을 박는다(절개선을 박을 때는 라인이 오목한 앞 중심 쪽을 위쪽으로 오게 하여 박는다).

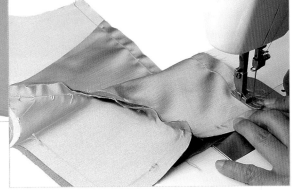

02 뒤 절개선과 뒤 중심선을 박는다(뒤 절개선을
박을 때도 라인이 오목한 뒤 중심 쪽을 위쪽으
로 오게 하여 박는다).

앞 왼쪽
(이면)

앞 오른쪽
(이면)

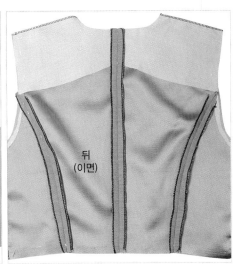

뒤
(이면)

앞 페플럼
(이면)

뒤 페플럼
(이면)

앞뒤 절개선과 옆선, 뒤 중심선, 어깨선, 앞
뒤 페플럼의 옆선 시접에 오버록 재봉을 한
다.

03

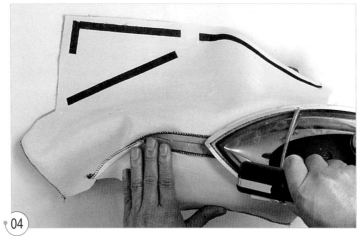

04

앞뒤 절개선의 시접을 가른다. 곡선이 강한 부분은 프레스 볼 위에서 가른다.

4. 어깨선을 박는다.

01

앞뒤 몸판의 어깨선을 맞추어 핀으로 고정시킨다.

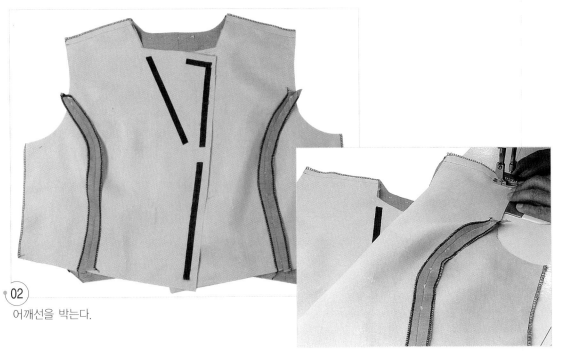

02 어깨선을 박는다.

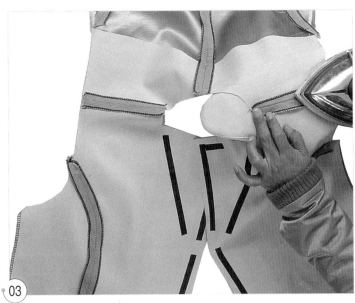

03 어깨선의 시접을 가른다.

5. 페플럼을 단다.

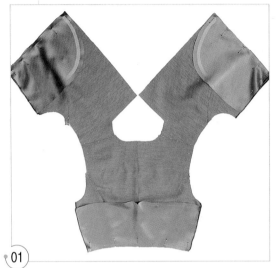

01 앞뒤 몸판의 허리선에 페플럼을 맞추어 핀으로 고정시킨다.

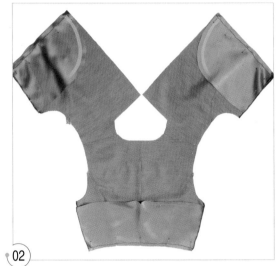

02 완성선을 박는다.

03 몸판과 페플럼의 시접을 두 장 함께 오버록 재봉을 한다.

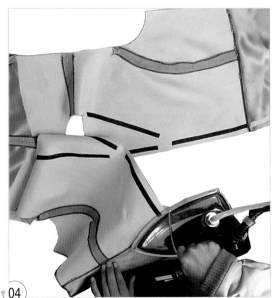

04 시접을 몸판 쪽으로 넘긴다.

6. 옆선을 박는다.

01 옆선의 표시를 맞추어 핀으로 고정시킨다.

02 옆선의 완성선을 박는다.

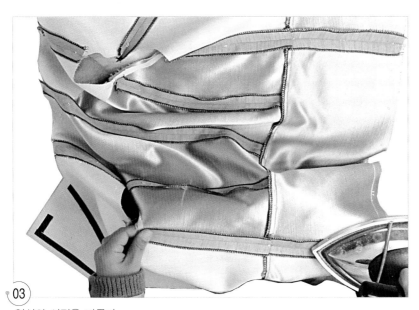

03 옆선의 시접을 가른다.

7. 앞 오른쪽 몸판에 단춧구멍을 만든다.

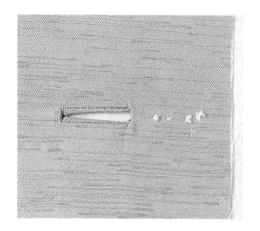

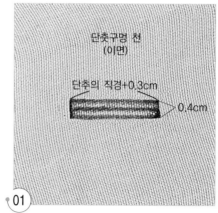

단춧구멍 천
(이면)

단추의 직경+0.3cm

0.4cm

01 단춧구멍 천의 이면에 접착 심지를 붙이고 단춧구멍의 크기를 정한다.

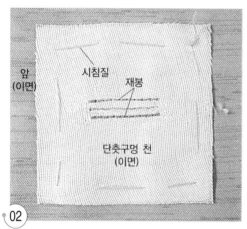

앞
(이면)

시침질

재봉

단춧구멍 천
(이면)

02 접착 심지를 붙인 단춧구멍 천을 시침질로 고정 시키고 단춧구멍 크기에 맞추어 표시에 재봉을 한다.

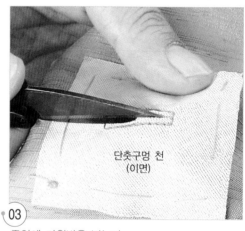

단춧구멍 천
(이면)

03 중앙에 가윗밥을 넣는다.

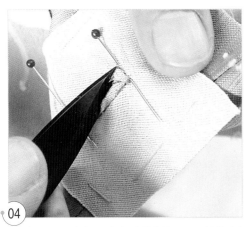

04 삼각으로 모서리 끝까지 가윗밥(>———<)을 넣
는다.

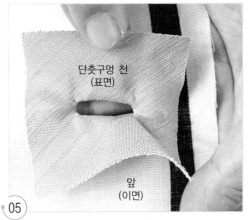

단춧구멍 천
(표면)

앞
(이면)

05 시침실을 빼내고 단춧구멍 천을 앞 몸판의 이면
쪽으로 빼낸다.

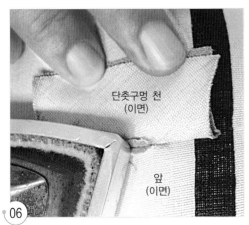

단춧구멍 천
(이면)

앞
(이면)

06 단춧구멍 천의 위아래 시접을 가른다.

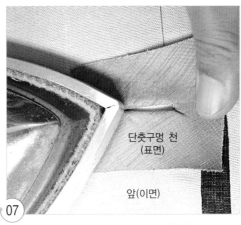

단춧구멍 천
(표면)

앞(이면)

07 단춧구멍 천을 당겨 다리미로 정리한다.

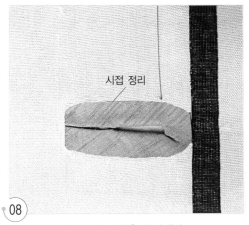

시접 정리

08 단춧구멍 천의 주위 시접을 잘라낸다.

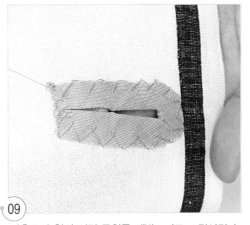

09 단춧구멍 천의 시접 주위를 새발뜨기로 고정시킨다.

8. 몸판과 안단을 맞추어 앞단을 박는다.

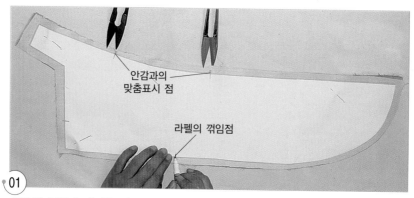

안감과의
맞춤표시 점

라펠의 꺾임점

01

안단의 이면에 패턴을 얹고 완성선을 그리고, 라펠의 꺾임점, 안감과의 맞춤표시에
가윗밥을 넣는다.

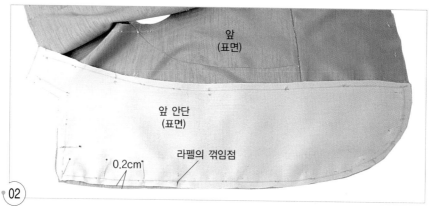

앞
(표면)

앞 안단
(표면)

라펠의 꺾임점

0.2cm

02

라펠의 꺾임점 끝에서 라펠 끝까지 안단을 0.2cm 차이나게 밀어 핀으로 고정시킨다.

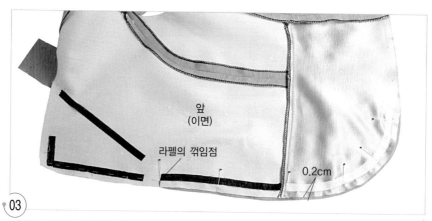

앞
(이면)

라펠의 꺾임점

0.2cm

03

라펠의 꺾임점 끝에서 밑단의 곡선 부분까지 몸판을 0.2cm 차이나게 밀어 핀으로 고정
시킨다.

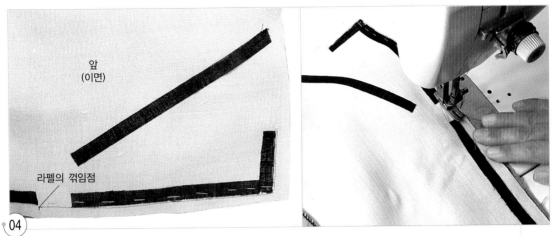

04 라펠의 꺾임점 끝까지 안단의 완성선에 시침질로 고정시키고 몸판의 완성선을 박는다.

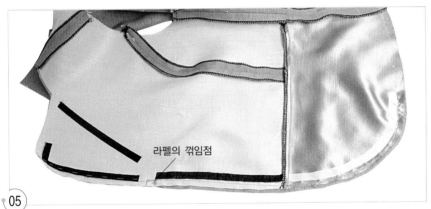

05 라펠의 꺾임점 끝에서 밑단까지 몸판의 완성선에 시침질로 고정시키고 안단의 완성선을 박는다.

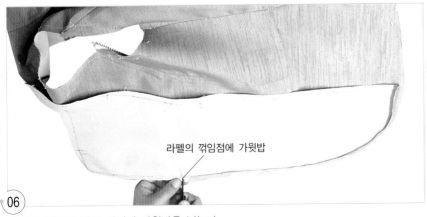

06 라펠의 꺾임점 위치 시접에 가윗밥을 넣는다.

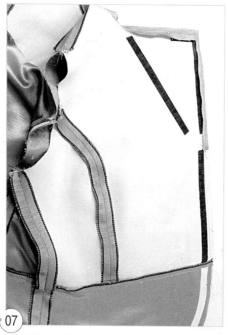
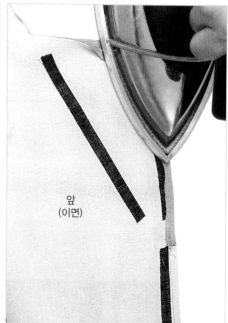

앞
(이면)

07 라펠 쪽 시접을 가른다.

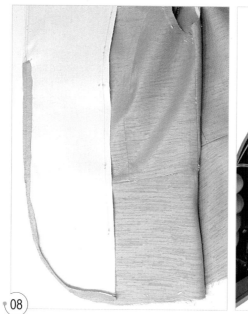
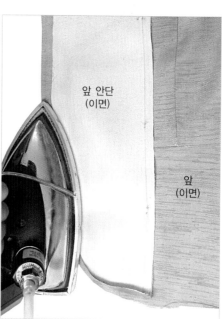

앞 안단
(이면)

앞
(이면)

08 꺾임점에서 밑단 쪽의 시접을 가른다.

9. 칼라를 만들어 단다.

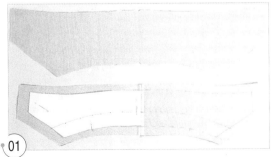

01 밑 칼라의 이면 위에 칼라의 패턴을 대고 완성선을 그린다.

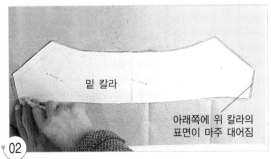

밑 칼라

아래쪽에 위 칼라의
표면이 마주 대어짐

02 위 칼라와 겉끼리 마주 대어 핀으로 고정시키고 초크 페이퍼 위에 얹어 밑 칼라에 표시된 완성선을 룰렛으로 눌러 표시한다.

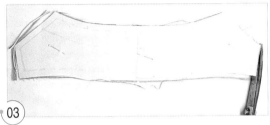

03 위 칼라와 밑 칼라의 시접을 0.7cm로 두 장 함께 정리한다.

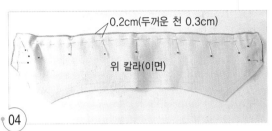

0.2cm(두꺼운 천 0.3cm)

위 칼라(이면)

04 위 칼라를 0.2cm 차이나게 안쪽으로 밀어 핀으로 고정시키고 위 칼라의 완성선에 시침질한다.

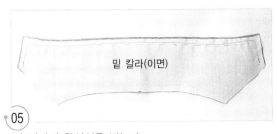

밑 칼라(이면)

05 밑 칼라의 완성선을 박는다.

밑 칼라(이면)

06 시접을 가른다.

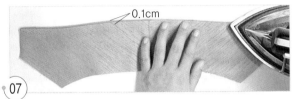

0.1cm

07 겉으로 뒤집어서 밑 칼라가 0.1cm 차이나게 다리미로 정리한다.

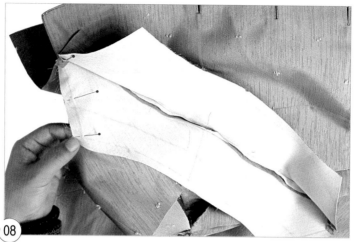

08 고지선(Gorge Line, 칼라 끝과 라펠의 연장선)에 밑 칼라의 고지선을 맞
추어 핀으로 고정시킨다.

고지선에 재봉

09 고지선을 표시까지만 박는다.

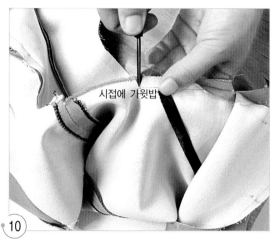

（10）

앞 몸판 고지선의 박은 선 끝부분의 각진 곳에 완성선
에서 0.2cm 전까지만 가윗밥을 넣는다. 이때 칼라 쪽
의 시접을 함께 자르지 않도록 주의한다.

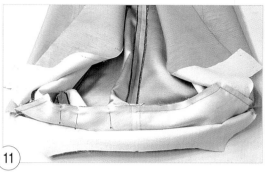

（11）

각진 곳에 가윗밥을 넣었으면 밑 칼라의 남은 부분을
옆 목점 뒷목점의 표시를 맞추어 핀으로 고정시키고 완
성선을 박는다(초보자의 경우에는 시침질로 고정시키고
박도록 한다).

（12）

앞 안단과 뒤 안단의 어깨선을 박고 시접을 가른다.

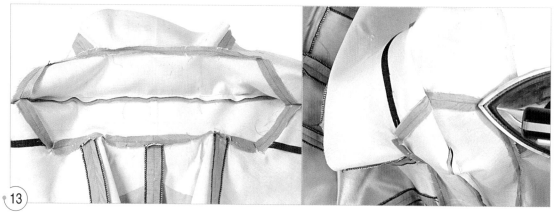

13 08~11과 같은 방법으로 안단과 위 칼라를 박고, 위 칼라와 밑 칼라의 시접을 각각 가른다.

위 칼라(표면)

뒤
(표면)

14 위 칼라에 여유분을 주기 위해 위 칼라의 꺾임 선 위치에서 접는다.

15 여유분이 움직이지 않도록 시침질로 고정시킨다.

16 위 칼라의 박은 선 홈에 시침질로 고정시켜 밑 칼라가 움직이지 않도록 한다.

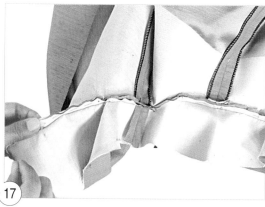

17 이면 쪽으로 뒤집어서 몸판과 안단의 시접을 두 장 함께 시침질로 고정시킨다.

10. 페플럼의 안단을 만들어 단다.

01 앞뒤 페플럼의 안단을 겉끼리 마주 대어 옆선을 박는다.

02 시접을 가른다.

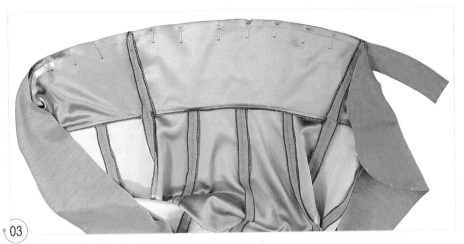

03 몸판의 페플럼과 겉끼리 마주 대어 핀으로 고정시킨다.

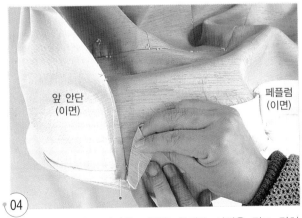

앞 안단
(이면)

페플럼
(이면)

04 앞 안단 쪽에서는 안단을 뒤집은 상태로 시접을 접고 겹쳐
얹어 맞춘다.

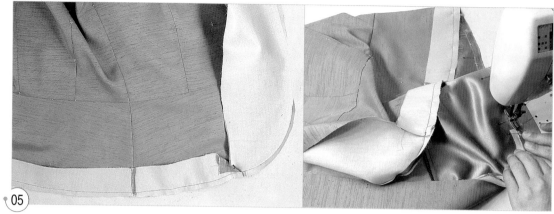

05

완성선을 박는다.

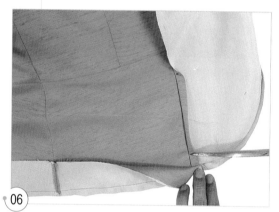

06

앞 안단 시접에 가윗밥을 넣는다.

07

페플럼의 시접을 안단 쪽으로 넘기고 겉쪽에서 0.1cm 에 상침재봉을 한다.

08

가윗밥을 넣은 위치에서 앞 안단과 페플럼 안단의 시접을 안단 쪽으로 넘긴다.

09

안단을 0.1cm 안쪽으로 차이지게 다리미로 정리한다.

11. 라펠에 여유분을 넣는다.

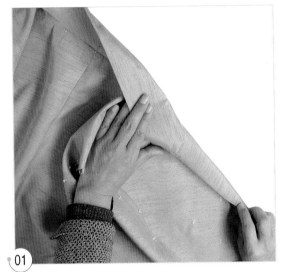

01 라펠을 말아서 여유분을 넣는다.

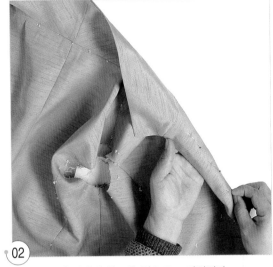

02 여유분이 움직이지 않도록 핀으로 고정시킨다.

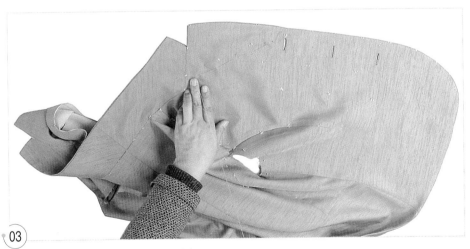

03 라펠의 꺾임 선에 시침질로 고정시킨다.

12. 소매를 만들어 단다.

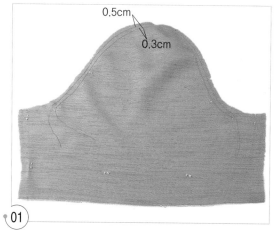

0.5cm
0.3cm

01 소매산에 두 줄 시침재봉을 한다.

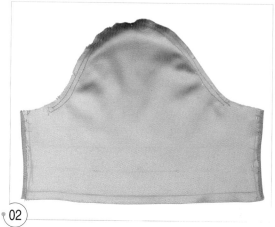

02 소매 밑 선의 시접을 0.5cm 접어 끝 박음질을 한다.

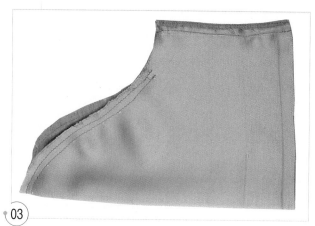

03 소매 밑 선의 완성선을 박는다.

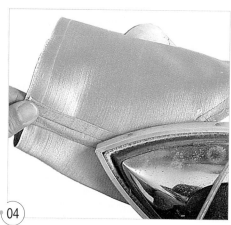

04 소매 밑 선의 시접을 가른다.

05 소매단의 시접을 1cm 접는다.

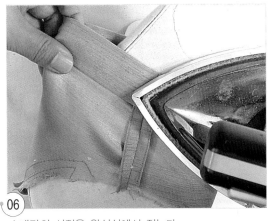

06 소매단의 시접을 완성선에서 접는다.

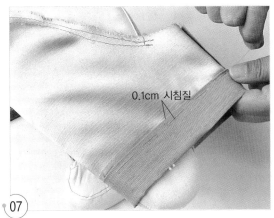

0.1cm 시침질

07 소매단을 시침질로 고정시킨다.

08 소매단을 속감치기로 고정시킨다.

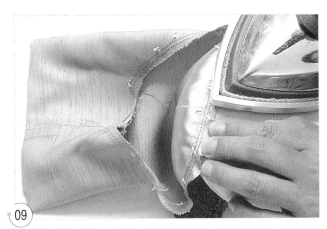

09 시침재봉한 밑실 두 올을 함께 당겨 오그림 분을 오그린 다음
다리미 끝으로 오그림 분을 자리잡아 준다.

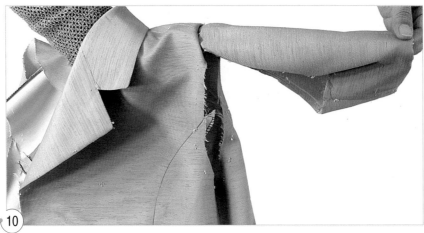

10 소매산 점 위치에서 몸판과 겉끼리 마주 대어 맞춘다.

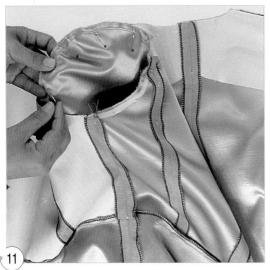

11 표시를 맞추어 이면 쪽에서 핀으로 고정시킨다.

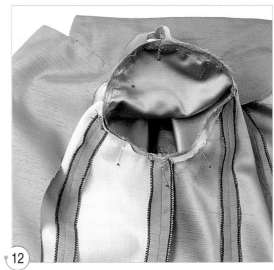

12 완성선에서 0.1cm 시접 쪽에 시침질로 고정시킨다.

13 소매 쪽이 위로 오게 하여 완성선을 박는다.

14 시접을 0.6cm로 정리한다.

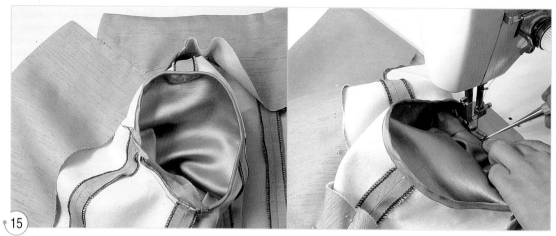

15

3cm 폭으로 자른 안감 바이어스 천을 소매 시접에 겹쳐 박은 다음 반대쪽 바이어스 천으로 소매 시접을 감싸서
다시 한 번 소매 완성선을 넘어가지 않도록 소매 쪽에서 박는다.

13. 안감 몸판을 만든다.

01

앞뒤 절개선과 뒤 중심선의 완성선을 맞
추어 핀으로 고정시키고 박은 다음 뒤 중
심의 시접을 왼쪽으로 넘긴다.

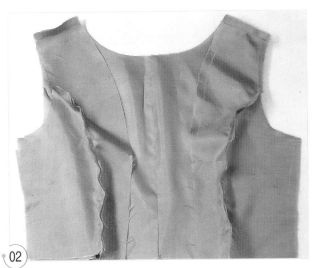

02 안감의 앞뒤 어깨선을 맞추어 박는다.

03 앞뒤 절개선과 어깨선 시접을 두 장 함께 오버록 재봉
을 한다.

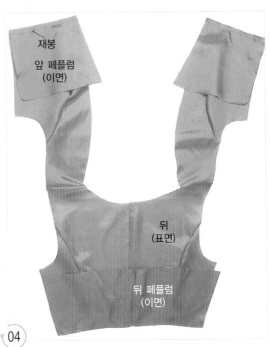

재봉

앞 페플럼
(이면)

뒤
(표면)

뒤 페플럼
(이면)

04 앞뒤 페플럼을 겉끼리 마주 대어 허리선을 박는다.

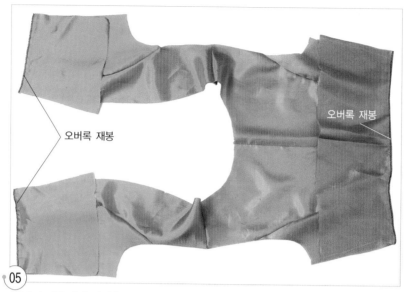

05 몸판과 페플럼의 시접을 두 장 함께 오버록 재봉을 한다.

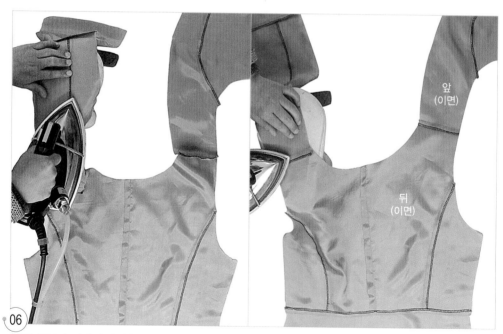

06 앞뒤 몸판의 절개선 시접을 옆선 쪽으로 넘기고, 어깨선 시접은 뒤판 쪽으로 넘긴다.

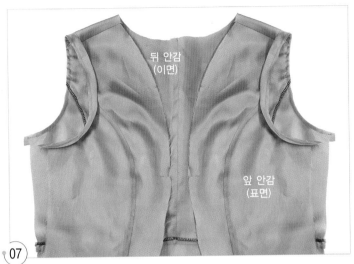

뒤 안감
(이면)

앞 안감
(표면)

07 3cm 폭으로 자른 안감의 바이어스 천을 반으로 접어 골선 반대쪽을 두 장 함께 몸판의 진동 둘레 표면에 얹어 완성선을 박는다.

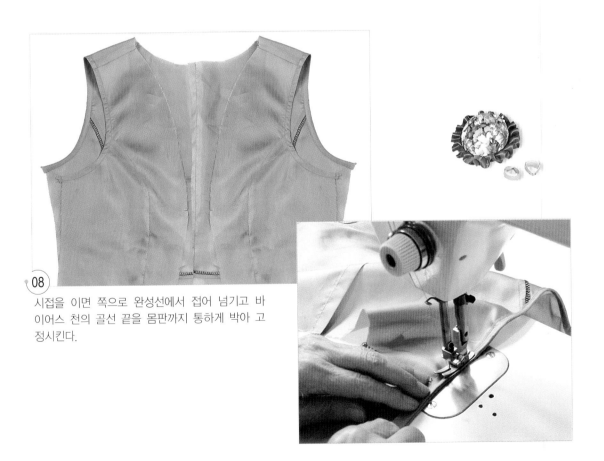

08 시접을 이면 쪽으로 완성선에서 접어 넘기고 바 이어스 천의 골선 끝을 몸판까지 통하게 박아 고 정시킨다.

09

옆선의 완성선에서 0.2cm 시접 쪽을 박는다

10

옆선의 시접을 두 장 함께 오버록 재봉한다.

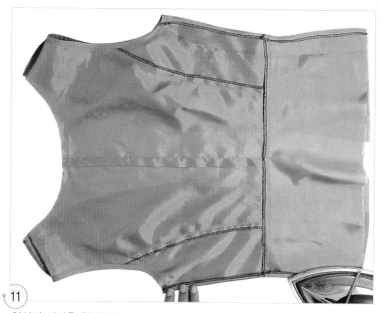

11

옆선의 시접을 완성선에서 접어 뒤판 쪽으로 넘긴다.

14. 겉감과 안감을 연결한다.

① 안단과 안감을 겉끼리 마주 대어 표시끼리 맞추고 핀으로 고정시킨다.

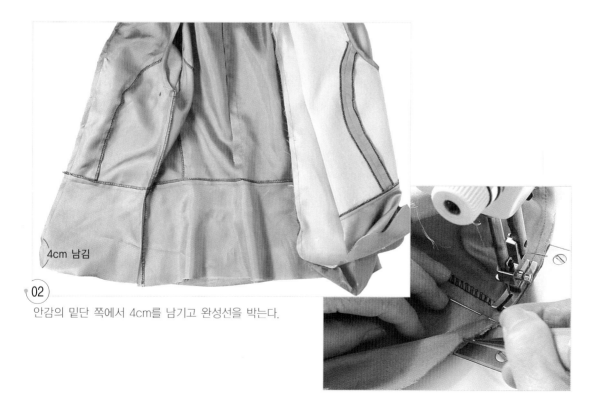

4cm 남김

② 안감의 밑단 쪽에서 4cm를 남기고 완성선을 박는다.

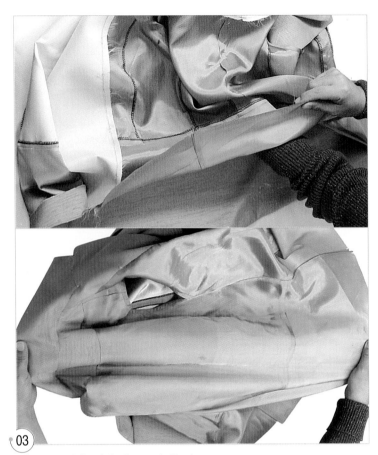

03 단 쪽으로 손을 넣어 겉으로 뒤집는다.

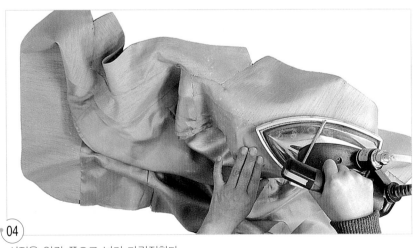

04 시접을 안감 쪽으로 넘겨 다림질한다.

15. 겉감으로 패드를 감싸서 단다(소매 안감을 넣지 않을 경우).

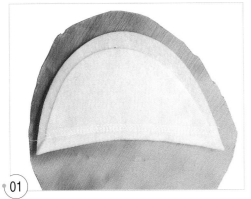

01 패드를 감쌀 겉감을 바이어스 방향으로 재단하여 골선에 패드를 맞추어 얹는다.

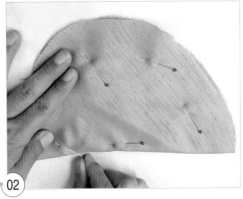

02 패드를 감싸서 핀으로 고정시킨다.

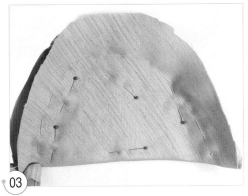

03 패드 주위를 시침질로 고정시킨다.

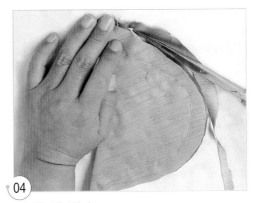

04 시접을 정리한다.

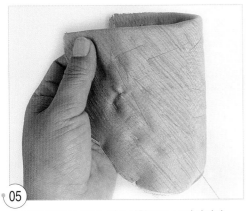

05 둥글게 말아서 잡고 어슷시침으로 고정시킨다.

06 다리미로 둥글게 잡아 준다.

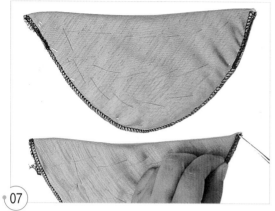

07 시접 주위에 오버록 재봉을 하고 실이 풀리지 않도록 오버록 재봉한 실 끝 1cm 정도를 겹쳐 박는다.

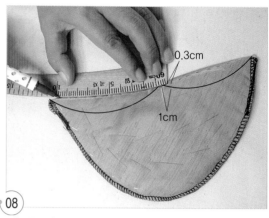

08 패드를 반으로 접어 1cm 앞쪽으로 이동한 위치를 앞 소매산 점으로 하여 0.3cm 들어간 곳과 패드 끝을 곡선으로 표시한다.

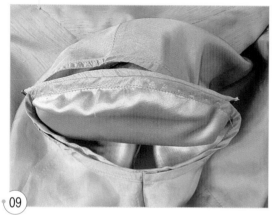

09 소매산 점 표시를 맞추어 소매를 단 시접에 손바느질의 반박음질로 고정시킨다.

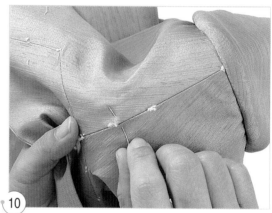

10 겉쪽에서 쓸어내려 패드를 안정되게 잡아 주고 옆 목점 쪽의 패드 끝쪽을 핀으로 고정시킨다.

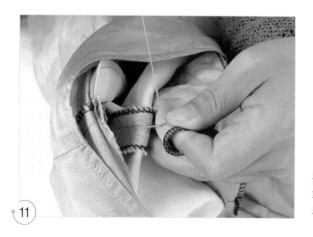

11 몸판 어깨선 시접에 옆 목점 쪽 패드의 끝쪽을 1cm 정도의 실 루프로 고정시킨다.

16. 밑단을 처리하고 안감과 안단 시접을 새발뜨기로 몸판에 고정시킨다.

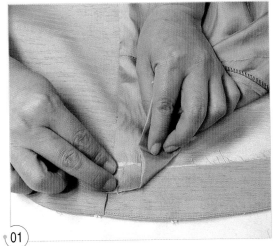

01 겉 페플럼 안단 시접 끝과 맞추어 안감의 시접을 접어 표시한다.

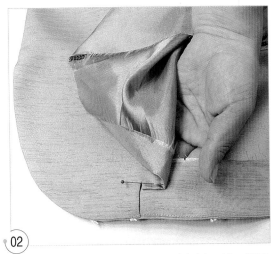

02 안감을 표시한 선에서 안쪽으로 접어 넣고 겉 페플럼 안단과 안감만을 핀으로 고정시킨다.

03 박을 위치가 서로 틀어지지 않도록 좌우 안감과 겉 페플럼 안단에 약간의 가윗밥을 넣어 표시한다.

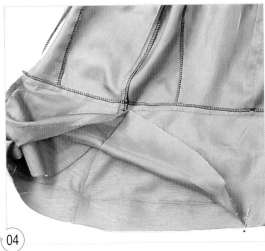

04 뒤집어서 겉끼리 마주 대어 시접 끝을 맞추어 핀으로 고정시킨다.

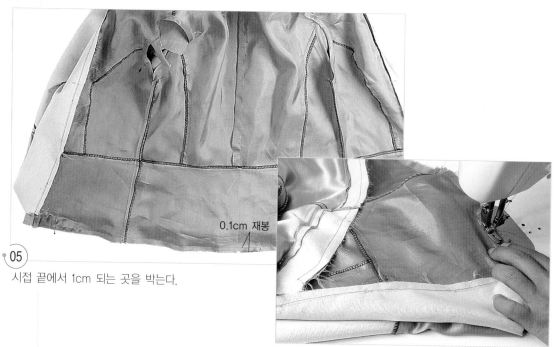

0.1cm 재봉

05

시접 끝에서 1cm 되는 곳을 박는다.

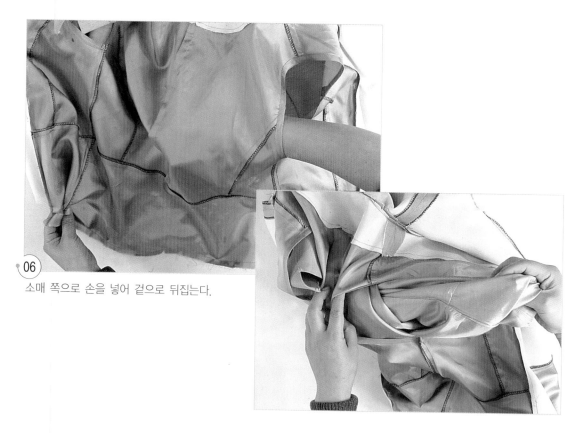

06

소매 쪽으로 손을 넣어 겉으로 뒤집는다.

07 라펠의 꺾임 선을 접어 앞 안단 라펠과 위 칼라에 여유분을 넣는다.

08 라펠의 꺾임점 위치에서 안단을 쓸어내린다.

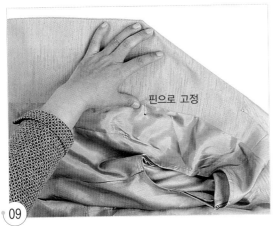

핀으로 고정

09 핀으로 고정시킨다.

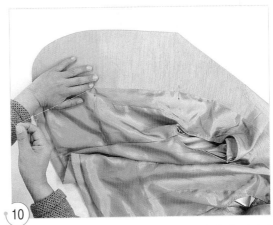

10 라펠의 꺾임점에서 허리선까지 박은 선의 홈에 겉까지 통하게 시침질로 고정시킨다.

11 라펠의 꺾임 선에서 어깨선까지 겉까지 통하게 시침질로 고정시킨다.

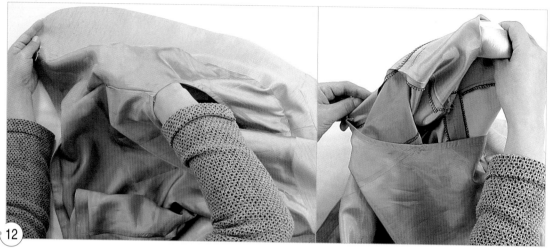

12 소매 쪽으로 손을 넣어 이면 쪽으로 뒤집는다.

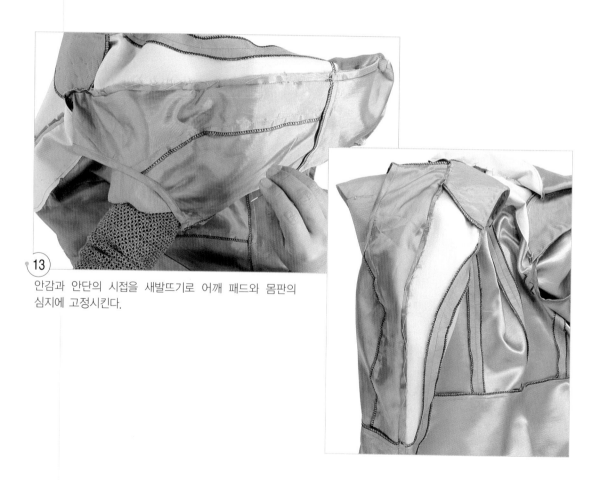

13 안감과 안단의 시접을 새발뜨기로 어깨 패드와 몸판의
심지에 고정시킨다.

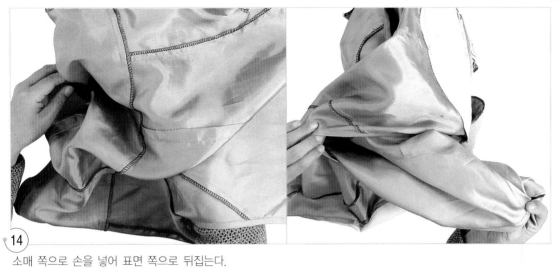

14 소매 쪽으로 손을 넣어 표면 쪽으로 뒤집는다.

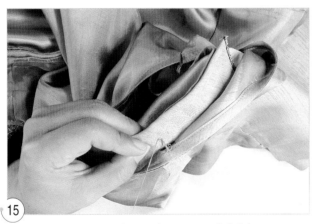

15 안감의 어깨선과 어깨 패드를 실 루프로 고정시킨다.

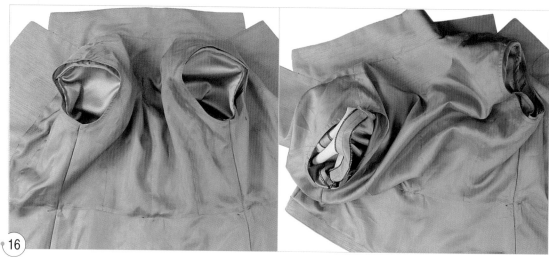

16 옆선과 뒤 중심의 허리선에 핀으로 고정시키고 핀으로 고정시킨 세 곳을 소매 쪽으로 손을 넣어 실 루프로 고정시킨다.

17 겨드랑 밑의 겉감과 안감을 옆선에서 좌우로 0.5cm씩 감침질로 고정시킨다.

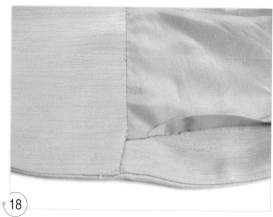

18 밑단 쪽 앞 안단과 페플럼의 안단 부분과 안감의 박지 않고 남겨두었던 곳을 감침질로 고정시키고, 안감을 박은 선에서 접어 올려 1cm 정도 연장해서 감침질한다.

17. 안단에 단춧구멍을 만든다.

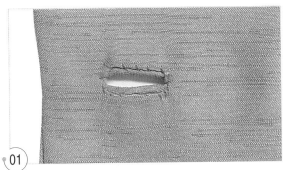

01 안단에 단춧구멍을 만든다(p.59~60의 19-01~19-04 참조).

18. 마무리 다림질을 한다.

01 페플럼과 몸판은 편편한 다리미 판 위에 올려놓고, 겉쪽에서 다림질 천을 얹고 스팀 다림질한다.

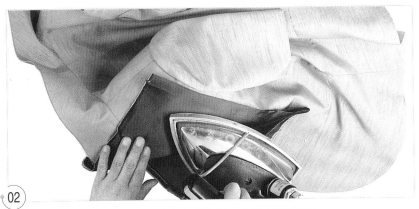

02 어깨선은 프레스 볼 위에 얹어 다림질 천을 얹고 스팀 다림질한다.

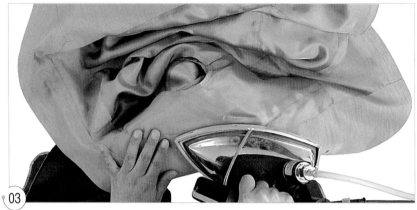

03 프레스 볼 위에 얹어 안감 쪽도 스팀 다림질한다.

19. 단추를 달아 완성한다.

01 왼쪽 앞 중심 쪽은 스냅 단추의 오목한 쪽과 일반 단추를 단춧구멍 위치에 맞추어 단추를 단다. 오른쪽 이면에는 스냅 단추의 볼록한 쪽을 달고, 겉쪽에 일반 단추를 단다.

앞 오픈 재킷   Front Open Jacket

■■■■ J.A.C.K.E.T **07**

실루엣 ●●● 앞 다트와 앞뒤 패널라인 커팅 타입의 허리를 피트시킨 칼라가 없는 라운드 넥의 엘레강스한 느낌의 앞 오픈 재킷이다.

포인트 ●●● 라운드 넥의 처리법, 앞단 처리법, 두 장 소매 만드는 법, 전체 안감을 넣는 방법을 배운다. 안감은 여유분이 생기도록 키세를 넣어 박고, 시접은 고정시침하기 편한 방향(즉, 패널라인은 중심 쪽으로, 소매 절개선은 바깥 소매 쪽)으로 넘긴다.

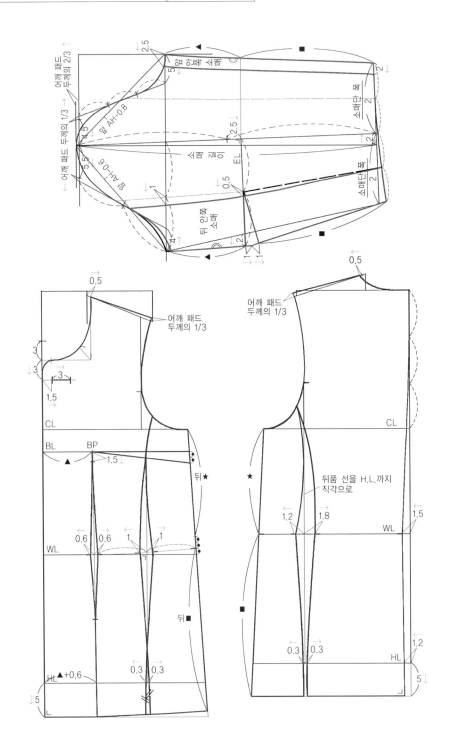

재단법 • • •

재료

- 겉감 : 150cm 폭 129cm ● 안감 : 91cm 폭 155cm
- 접착 심지(앞판, 앞 안단, 뒤, 뒤 안단, 앞 소매, 뒤 소매)
  90cm 폭 70cm
- 단추 : 직경 2cm 5개 ● 어깨 패드 : 어깨 패드 1set

● 겉감의 재단

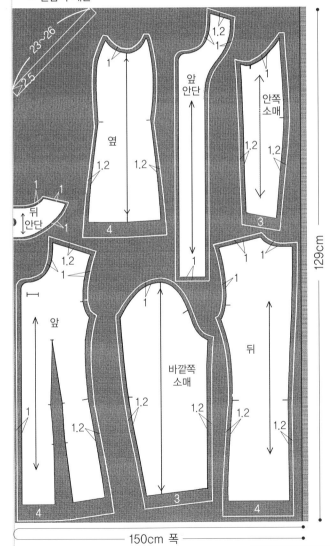

● 안감의 재단

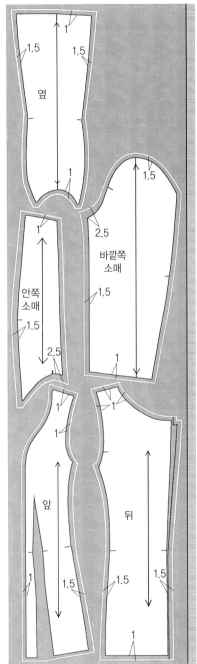

앞 오픈 재킷 ● Front Open Jacket **299**

봉제법 •••

1. 표시를 한다.

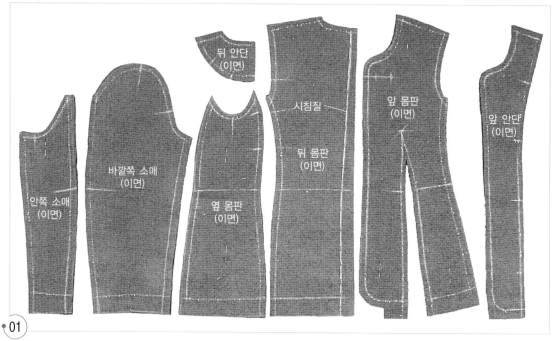

뒤 안단
(이면)

시침질

앞 몸판
(이면)

앞 안단
(이면)

바깥쪽 소매
(이면)

뒤 몸판
(이면)

안쪽 소매
(이면)

옆 몸판
(이면)

01

겉감의 완성선에 실표뜨기로 표시하고, 뒤 중심선은 완성선에서 0.1cm 안쪽에 시침질로 고정시킨다.
🔁 맞춤표시는 바늘 방향을 옆으로 빼내어 표시한다.

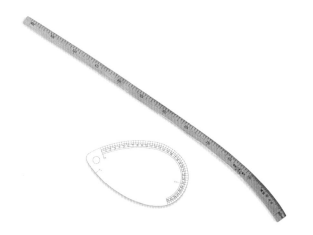

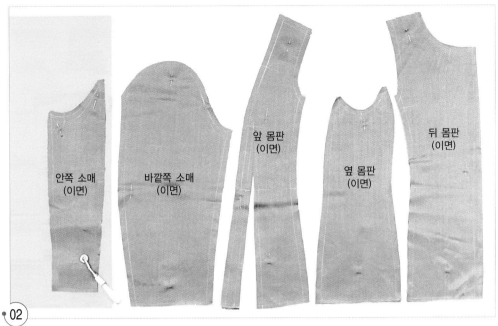

초크 페이퍼 위에 얹어 안감의 완성선을 룰렛이나 송곳으로 눌러 표시한다.

2. 접착 심지와 접착 테이프를 붙인다.

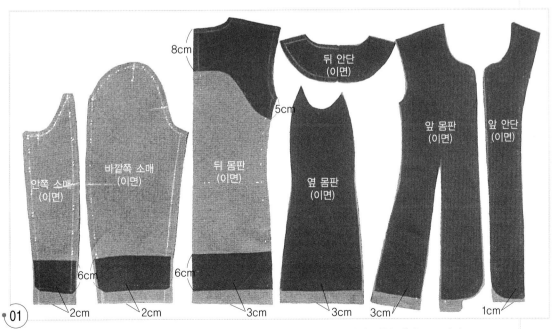

겉감의 안쪽 소매, 바깥쪽 소매, 뒤, 옆, 앞, 앞뒤 안단의 이면에 사진과 같이 접착 심지를 붙인다.

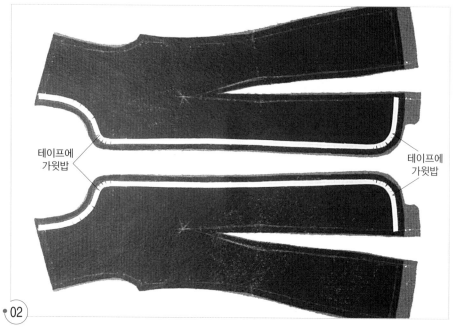

●02

테이프에
가윗밥

테이프에
가윗밥

앞 네크라인과 앞단의 완성선에 1cm 폭의 늘림 방지용 접착 테이프를 붙인다. 곡선 부분은
테이프에 가윗밥을 넣어 붙이면 자연스럽게 돌아간다.

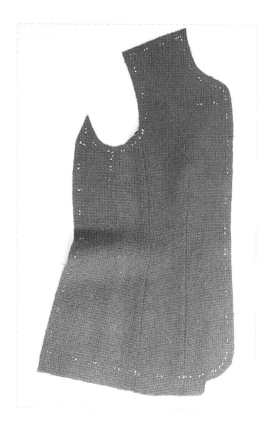

3. 앞 다트와 앞 패널라인을 박는다.

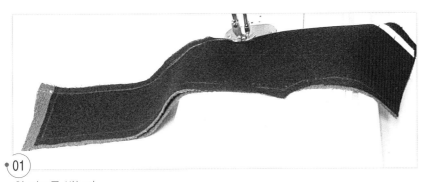

01

앞 다트를 박는다.

02

앞 다트 시접을 가른다.

03

앞 패널라인을 박는다.

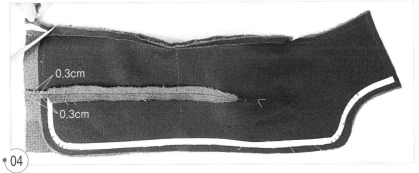

0.3cm

0.3cm

04

앞 다트와 패널라인을 박은 밑단 쪽 시접이 투박해지지 않도록 시접을 좁게 잘라낸다.

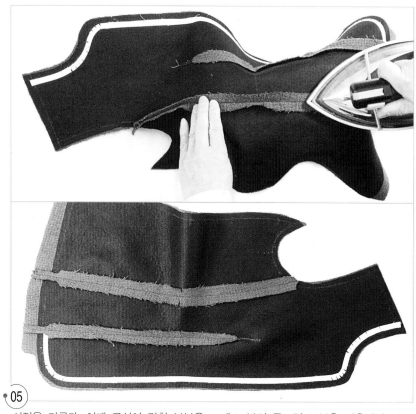

05

시접을 가른다. 이때 곡선이 강한 부분은 프레스 볼의 둥그런 부분을 이용하여 시접
을 가른다.

4. 뒤 중심선을 박는다.

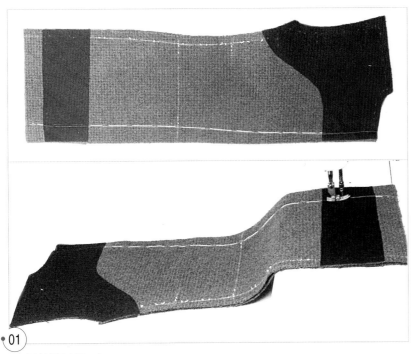

01

뒤 중심선을 박는다.

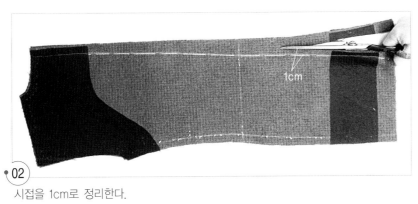

02

시접을 1cm로 정리한다.

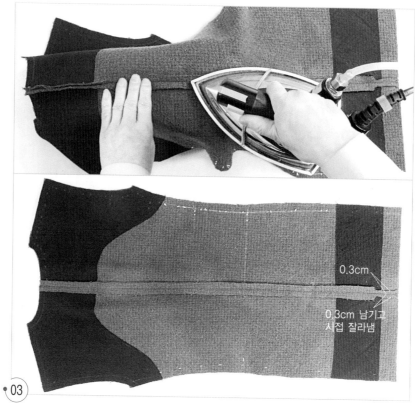

0.3cm

0.3cm 남기고
시접 잘라냄

03 프레스 볼 위에 얹어 시접을 가른다.

5. 어깨선을 박는다.

01 앞판과 뒤판을 겉끼리 마주 대어 옆 목점과 어깨 끝점의 표시끼리
맞추어 핀으로 고정시킨다.

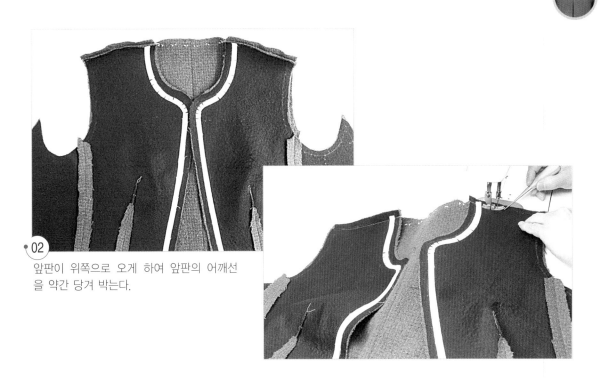

02 앞판이 위쪽으로 오게 하여 앞판의 어깨선
을 약간 당겨 박는다.

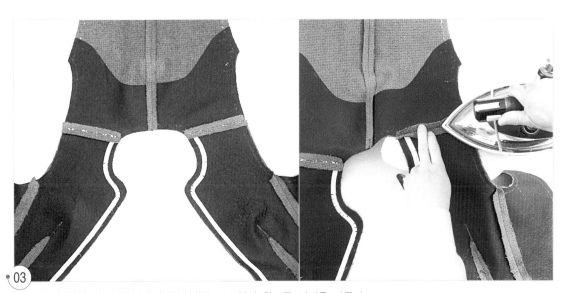

03 프레스 볼 위에 얹어 앞 어깨선 쪽이 안쪽으로 약간 휘도록 시접을 가른다.

6. 안단의 어깨선을 박는다.

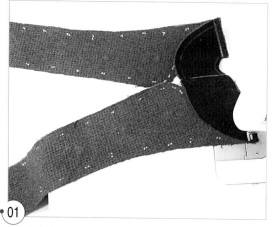

01

앞 안단과 뒤 안단을 겉끼리 마주 대어 어깨선을 박는다.

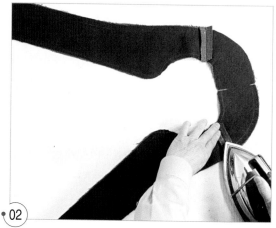

02

시접을 가른다.

7. 목 둘레, 앞단을 박고 겉으로 뒤집는다.

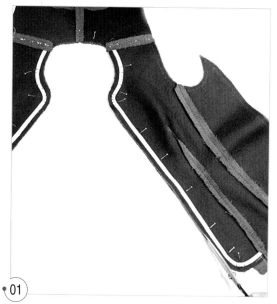

01

앞판과 안단을 겉끼리 마주 대어 완성선끼리 맞추어 핀으로 고정시키고, 앞판과 안단의 시접이 똑같아지도록 두 장 함께 시접을 0.8cm로 정리한다.

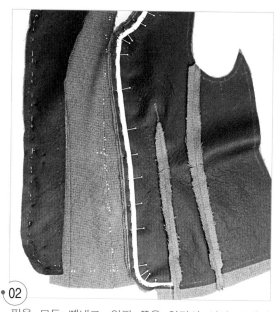

02

핀을 모두 빼내고, 앞판 쪽을 안단의 시접 끝에서 0.4cm(즉, 천의 두께 분) 안쪽으로 밀어 핀으로 고정시키고 앞판의 완성선을 따라 시침질로 고정시킨다.

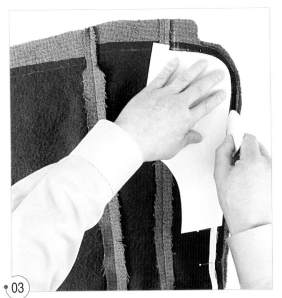

03 밑단 쪽의 앞 중심 쪽 곡선 모양이 매끄럽게 박히도록
곡선 모양 대로 자른 두꺼운 패턴을 얹어 완성선에서
0.2cm 시접 쪽에 분필 초크로 표시를 한다.

04 앞 네크라인도 같은 방법으로 표시를 한다.

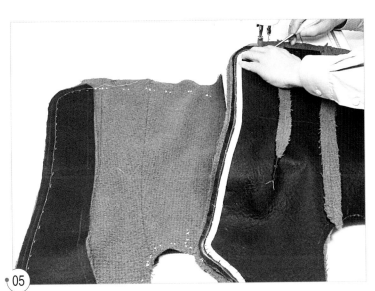

05 0.2cm 시접 쪽에 표시한 선을 따라 박아 고정시킨다.

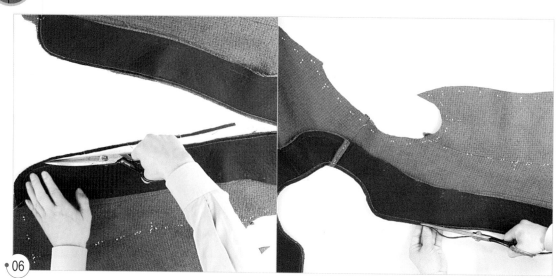

06 안단의 시접만 0.4cm 남기고 잘라낸다.

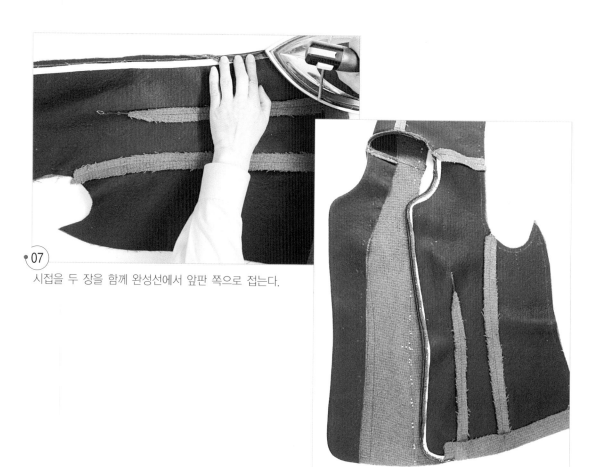

07 시접을 두 장을 함께 완성선에서 앞판 쪽으로 접는다.

08 겉으로 뒤집어서 안단이 0.1cm 안쪽으로 차이지
게 밀면서 어슷시침으로 고정시킨다.

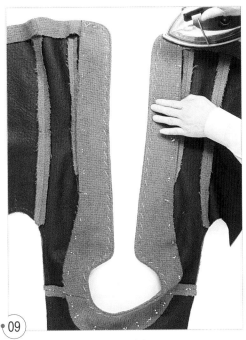

09 안단 쪽에서 스팀 다림질한다.

8. 안감 몸판을 만든다.

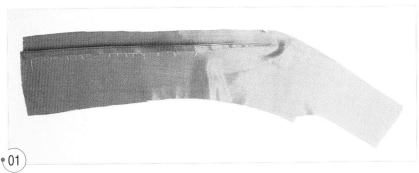

01 안감의 앞 다트를 박는다.

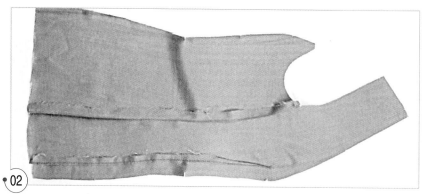

02 안감의 앞 패널라인을 박는다.

03 뒤 중심선을 안감 재단의 점선으로 표시된 선을 박고 시접을 왼쪽으로 두 장 함께 완성선에서 접어 넘긴다.

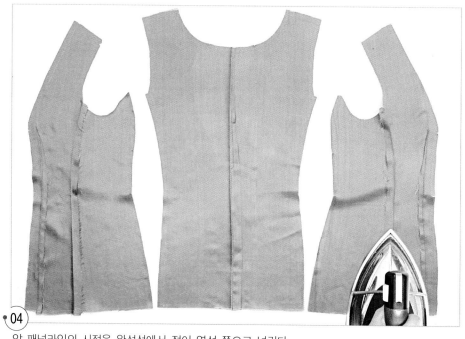

04 앞 패널라인의 시접을 완성선에서 접어 옆선 쪽으로 넘긴다.

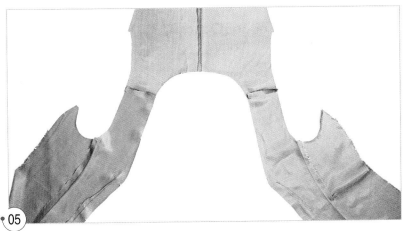

05 어깨선을 박고 시접을 뒤판 쪽으로 넘긴다.

9. 안단과 안감을 연결한다.

2cm 2cm

01 안단과 안감을 겉끼리 마주 대어 표시끼리 맞추어 핀으로 고정시키고, 밑단 쪽은 겉감의 완성선에서 2cm 올라간 곳에 맞추어 안감을 접어 올리고 핀으로 고정시킨다.

02 완성선을 박는다.

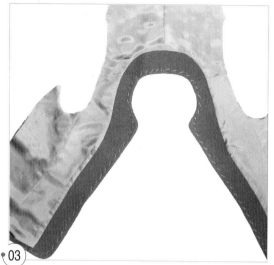

03 겉으로 뒤집는다.

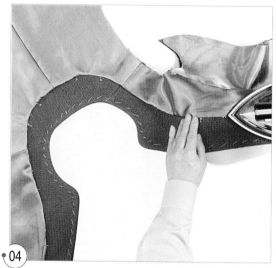

04 시접을 안감 쪽으로 모두 넘기고 프레스 볼 위에 얹어 안쪽에서 다림질한다.

10. 뒤 패널라인을 박는다.

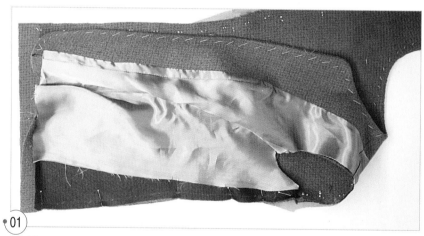

01 안감을 피해 앞판과 뒤판을 겉끼리 마주 대어 뒤 패널라인의 표시끼리 맞추어 핀으로 고정시킨다.

02

뒤 패널라인을 박는다. 이때 곡선이 오목한 쪽인 뒤판
이 위로 오게 하여 박는 것이 좋다.

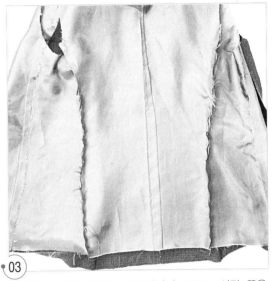

03

안감의 뒤 패널라인을 완성선에서 0.2cm 시접 쪽을
박는다.

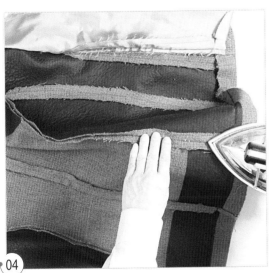

04

겉감의 패널라인 시접을 가른다.

05

안감의 뒤 패널라인을 완성선에서 두 장 함께 뒤판 쪽
으로 접어 넘긴다.

11. 겉 소매를 만든다.

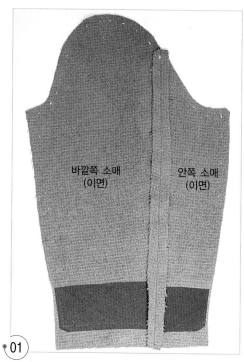

01 바깥쪽 소매의 표면 위에 안쪽 소매의 표면을 마주 대어 팔꿈치 표시부터 맞추고 소매 절개선의 완성선을 박고 시접을 가른다.

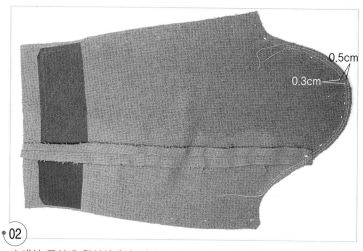

0.5cm
0.3cm

02 소매산 곡선에 완성선에서 시접 쪽으로 0.3cm와 0.5cm에 두 줄 시침재봉을 한다.

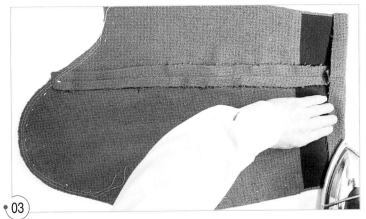

03 소매단을 완성선에서 접어 가볍게 다림질한다.

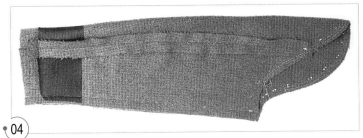

04 03에서 접었던 소매단을 내리고 소매 밑 선을 박는다.

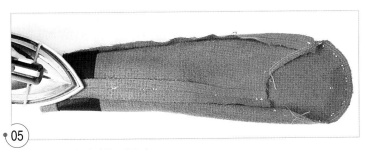

05 소매 밑 선의 시접을 가른다.

06 소매산 곡선에 시침재봉한 실 두 올을 함께 당겨 몸판의 진동 둘레 치수
에 맞게 오그린다.

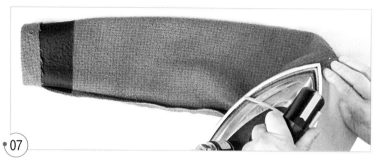

07

오그린 소매산을 프레스 볼의 둥그런 부분을 이용하여 다리미로 자리잡아
둔다.

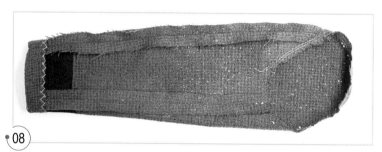

08

소매단 시접을 완성선에서 접어 올려 겉감에까지 바늘땀이 나타나지 않도록
접착 심지만을 떠서 새발뜨기로 고정시킨다.

12. 겉 소매를 단다.

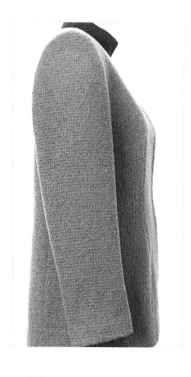

01

몸판과 소매를 겉끼리 마주 대어 소매산과 겨드랑 밑, 소매
의 앞뒤 너치 표시와 몸판의 너치 표시끼리 맞추어 핀으로
고정시키고 촘촘한 홈질로 고정시킨다.

02 소매 쪽이 위로 오게 하여 완성선을 박는다.

03 2.5cm 폭의 정바이어스 방향으로 길이 23~26cm(즉, 앞뒤 패널라인간의 소매산 곡선 길이+3cm)의 소매산 받침 천을 준비한다.

04 소매산 곡선에 자연스럽게 맞추어지도록 다리미로 소매산 받침 천을 곡선 모양으로 만든다.

05 소매산 받침 천의 양쪽 끝을 앞뒤 패널라인 위치에서 1.5cm씩 내려 맞추고 핀으로 고정시킨다.

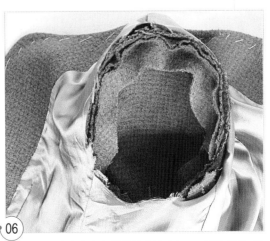

06 앞뒤 패널라인까지만 완성선에서 0.1cm 시접 쪽을 박아 고정시킨다.

13. 어깨 패드를 단다.

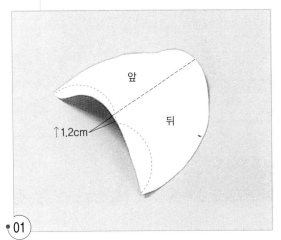

01
재킷용 어깨 패드를 사용한다.

02
겉 몸판의 어깨선 이면에 어깨 패드의 표면을 마주 대어 맞춤표시를 맞추고 핀으로 고정시킨 다음, 어깨 패드를 구부린 상태로 소매 둘레 선 시접에 맞추면서 손바느질의 온박음질로 고정시킨다.

03
어깨 패드가 안정되도록 겉쪽에서 어깨선 주위를 쓸어내리고 핀으로 고정시킨다.

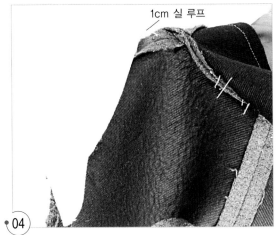

04
이면 쪽으로 뒤집어서 옆 목점 쪽 어깨선 시접에 어깨 패드를 1cm의 실 루프로 고정시킨다.

14. 안 소매를 만들어 단다.

01
안 소매의 팔꿈치 표시부터 맞추어
소매 절개선의 완성선에서 0.2cm
시접 쪽을 박는다.

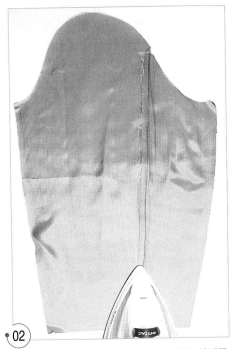

02
시접을 완성선에서 접어 두 장 함께 바깥쪽
소매 쪽으로 넘긴다.

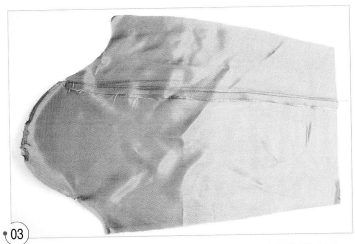

03
소매산 곡선의 완성선에서 0.3cm와 0.5cm에 두 줄 시침재봉을 한다.

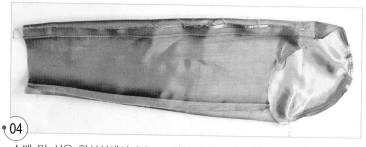

04 소매 밑 선을 완성선에서 0.2cm 시접 쪽을 박고, 바깥쪽 소매 쪽으로 두 장 함께 완성선에서 접어 넘기고, 소매산 곡선에 시침재봉한 실 두 올을 함께 당겨 소매산 곡선을 오그린다.

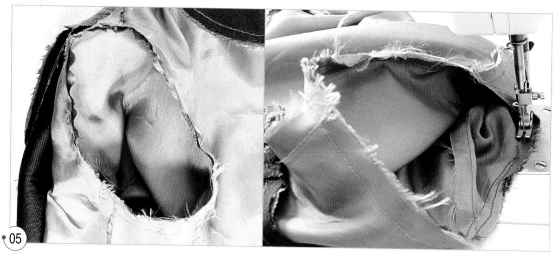

05 안감의 몸판과 소매를 겉끼리 마주 대어 표시끼리 맞추면서 완성선을 박는다.

15. 안감을 고정 시침질하고 밑단과 소매단을 처리한다.

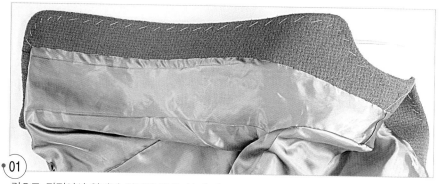

01 겉으로 뒤집어서 안감과 안단을 박은 선 홈에 밑단에서 어깨선까지 시침질로 고정시킨다.

02 안단과 안감을 박은 선 시접을 몸판의 접착 심지만을 떠서 새발뜨기로 고정시킨다.

03 몸판의 밑단을 완성선에서 접어 올려 접착 심지만을 떠서 새발뜨기로 고정시킨다.

04 겨드랑 밑의 겉 소매와 안 소매의 시접을 두 장 함께 3cm 정도 시침질로 고정시킨다.

05 뒤 패널라인의 안감 시접을 겉감의 뒤 패널라인의 시접에 시침질로 고정시킨다.

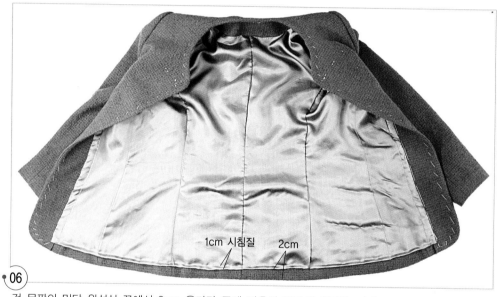

1cm 시침질   2cm

06 겉 몸판의 밑단 완성선 끝에서 2cm 올라간 곳에 맞추어 안감의 시접을 접어 넣고, 1cm 올라간 곳에 시침질로 고정시킨다.

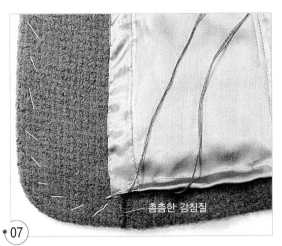

촘촘한 감침질

07 밑단 쪽 안단을 촘촘한 감침질로 고정시킨다.

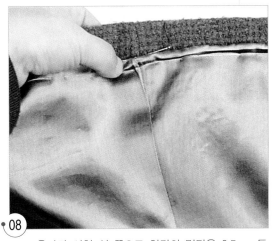

08 1cm 올라간 시침 선 쪽으로 안감의 밑단을 0.5cm 들어올리고 속감치기로 고정시킨다.

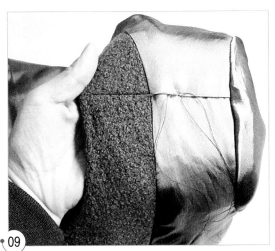

09 안감의 어깨선을 박은 홈에 숨은상침으로 어깨선 패드에 고정시킨다.

10 한쪽 손으로 어깨선을 받치고 소매단 쪽에서 겉 소매와 안 소매를 동시에 당겨 안 소매의 길이를 확인하여 소매단 쪽에 핀으로 고정시킨다.

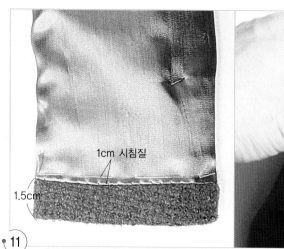

11 이면 쪽으로 소매를 뒤집어서 겉 소매단의 완성선에서 1.5cm 올라간 곳에 맞추어 안 소매의 시접을 접어 넣고 안감의 소매단 선 끝에서 1cm 올라간 곳에 시침질로 고정시키고 감침질한다.

12 앞단과 네크라인의 안단 쪽에서 겉까지 바늘땀이 나타나지 않도록 숨은상침으로 안단을 시접에 고정시킨다.

16. 마무리 다림질을 한다.

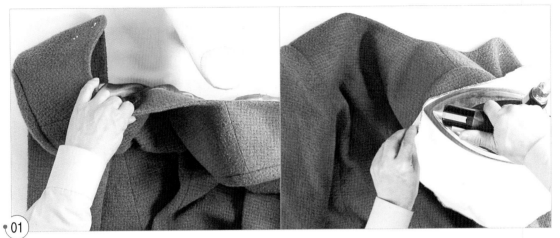

프레스 볼에 소매를 끼워 다림질 천을 얹고 소매와 어깨 주위를 스팀 다림질한다.

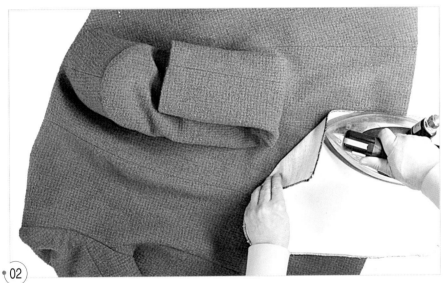

소매 아래쪽의 편편한 곳은 편편한 다리미 판 위에 얹어 다림질 천을 얹고 스팀 다림질한다.

Lim byung yeul

임 병 렬

- 서울 교남양장점 패션실장 역임(1961)
- 하이패션 클럽 설립(1963)
- 관인 세기복장학원 설립,
  원장역임(1971~1982)
- 사단법인 한국학원 총연합회 서울복장교육협회 부회장 역임(1974)
- 노동부 양장직종 심사위원 국가기술검정위원(1971~1978)
- 국제기능올림픽 한국위원회 전국경기대회 양장직종 심사장(1982)
- 국제장애인기능올림픽대회 양장직종 국제심사위원(제4회 호주대회)
- 국제장애인기능올림픽대회 한국선수 인솔단(제1회, 제3회)
- (주)쉬크리 패션 생산 상무이사(1989~현재)
- 사단법인 한국의류기술진흥협회 부회장 역임, 현 고문

－상훈 : 제2회 국제기능올림픽대회 선수지도공로 부문 보건사회부장관상(1985), 석탑
　　　　산업훈장(1995), 제5회 국제장애인기능올림픽대회 종합우승 선수지도 부문
　　　　노동부장관상(2000)

－저서 : 「팬츠 만들기」, 「스커트 만들기」, 「팬츠 제도법」, 「스커트 제도법」,
　　　　「재킷 제도법」, 「블라우스 제도법」

Lee Kwang Hoon

이 광 훈

- 홍익대학교 미술대학 섬유염색 전공 졸업
- 홍익대학교 미술대학원 섬유염색 전공 수료
- 홍익대학교 산업미술대학원 의상디자인 전공 수료
- 이훈 부띠끄 디자이너로 운영
- 홍익대학교 산업미술대학원, 중앙대학교, 건국대학교 강사 역임
- 현, 한서대학교 의상디자인학과 교수
  한국패션일러스트레이션협회 초대 회장 역임, 현 고문
  (사)한국패션문화협회 이사
  (사)한국의류기술진흥협회 자문위원

－저서 : 「패션일러스트레이션으로 보는 크리에이티브 디자인의 발상방법」
　　　　「스커트 제도법」, 「재킷 제도법」, 「블라우스 제도법」,

－전시 : 패션일러스트레이션 및 Art to wear에 관한 30여 회의 전시 참여

Jung hye min

정 혜 민

- 일본 동경 문화여자대학교 가정학부 복장학과 졸업
- 일본 동경 문화여자대학 대학원 가정학연구과(피복학 석사)
- 일본 동경 문화여자대학 대학원 가정학연구과(피복환경학 박사)
- 경북대학교 사범대학 가정교육과 강사
- 성균관대학교 일반대학원 의상학과 강사
- 동양대학교 패션디자인학과 학과장 역임
- 동양대학교 패션디자인학과 조교수
- 현, 이제창작디자인연구소 소장

－저서 : 「패션디자인과 색채」, 「텍스타일의 기초 지식」, 「봉제기법의 기초 」
　　　　「어린이 옷 만들기」, 「팬츠 만들기」, 「스커트 만들기」, 「팬츠 제도법」
　　　　「스커트 제도법」, 「재킷 제도법」, 「블라우스 제도법」,